高职高专规划教材

艺 术 设 计 简 论

(环境艺术设计·设计艺术专业)

中国美术学院艺术设计职业技术学院

张　君　编著

中国建筑工业出版社

图书在版编目（CIP）数据

艺术设计简论（环境艺术设计·设计艺术专业）/ 张君编著.
—北京：中国建筑工业出版社，2004
高职高专规划教材
ISBN 7-112-06628-X

Ⅰ．艺...　Ⅱ．张...　Ⅲ．环境设计—高等学校：技术
学校—教材　Ⅳ．TU-856

中国版本图书馆 CIP 数据核字（2004）第 053130 号

本书为环境艺术设计专业高职高专规划教材，以建筑设计为主要线索，概括地叙述了从最早的洞窟绘画到当今的实验艺术设计的发展历程，探讨历代的绘画、雕刻、建筑、器物的发展，将不同类别的文化、艺术及哲学思想连贯在一起，给人一种整体的时代观念，力图从宏观的角度演绎人类艺术设计的发展史。

* * *

责任编辑：朱首明　陈　桦
责任设计：孙　梅
责任校对：刘玉英

高职高专规划教材

艺术设计简论

（环境艺术设计·设计艺术专业）
中国美术学院艺术设计职业技术学院
张　君　编著

*

中国建筑工业出版社出版（北京西郊百万庄）
新华书店总店科技发行所发行
北京建筑工业印刷厂印刷

*

开本：787×1092毫米　1/16　印张：7¾　字数：190千字
2004年9月第一版　2006年8月第二次印刷
印数：3,001—4,500册　定价：**33.00**元
ISBN 7-112-06628-X
TU·5784（12582）

本社网址:http://www.china-abp.com.cn
网上书店:http://www.china-building.com.cn

前　言

　　从事设计专业的理论教学工作已近8年,有感于设计专业强调技能而轻理论修养的教育方式,虽使学生拥有一定的专业技能,看似符合工商业社会对于功利实用的要求,却已在无形中日益剥除了学生的创造力和成为未来设计师的必要素质。作为环境艺术设计系的学生,不仅要熟悉中外建筑设计史论,同时还要加深文化艺术修养,开阔视野,增强专业发展的后劲。通过对古今中外艺术设计的欣赏、分析、比较与借鉴,可以获取广泛有益的启迪与灵感,避免"计无所出,创意枯竭"的困境和"言必称希腊"、"坐井观天"的片面性、狭隘性错误。

　　建筑作为缔造空间的艺术,它凝结了人类历史一点一滴的情感、审美、追求,凝结了人类历史中的每一个片段,默默地传给一代代后人,作为艺术的总汇,建筑当之无愧。本书以建筑设计为主要线索,概括地叙述了从最早的洞窟绘画到当今的实验艺术设计的发展历程,探讨历代的绘画、雕刻、建筑、器物的发展,将不同类别的文化、艺术及哲学思想连贯在一起,给人一种整体性的时代观念,力图从宏观的角度演绎人类艺术设计的发展史。

　　建筑作为"大艺术"、"大设计",对其他各种专业设计都有直接或间接的影响,例如哥特式、洛可可式的家具设计都是由相同风格的建筑设计直接影响而来的。格罗皮乌斯在《包豪斯宣言》中甚至称"建筑是一切造型艺术的最终目标"。因此,即使不是建筑专业的学生,"结识"了建筑这门"大朋友"式的设计,也可能会对其自身专业设计获益良多。

目　录

第一章 从蒙昧到有序

第一节 我们最早的祖先

最初，我们栖息其上的这颗行星，是一个由燃烧着的物体构成的巨大球体。渐渐地，在几百万年的时间长河里，它的表面披上了一层薄薄的岩石。这些没有生命的坚固的花岗岩，经雨水的不断冲刷，日积月累，受到磨损。最后，阳光穿过云层，照临大地，分布在这颗小小行星上的一些小水坑扩展成了东西两半球的大海洋。于是，有一天，奇迹出现了，产生了生命，第一个有生命的细胞漂浮在海上。在数百万年的时间里，这种有生命的细胞的某些习性得到了发展，使它顺利地在这个荒凉的地球上生存了下来。渐渐出现了植物、鱼类，到两栖动物、爬行动物，再到鸟和哺乳动物，人是最后出现在地球上的，但却是最先用智力征服自然力的动物。最早的人类在漫长的生物进化过程当中，学会了使用前肢捕捉猎物，他们常常成群结队地外出活动，还学会了用奇特的呼噜声对危险发出警告，经过亿万年后，他们开始用喉音进行交谈。人类最初的祖先是一种非常丑陋的哺乳动物，他很矮小，酷暑与严冬使他的皮肤变成黑褐色。他的头、臂、腿和大部分躯体，都覆盖着一层又粗又长的毛发。他的手看来好像猴掌，手指纤细，但是有力。他的前额很低，颚骨犹如把利齿当作刀叉的野兽的牙床。他赤身露体，住在莽莽林海的潮湿阴暗处，白天，他四处寻觅可食之物，当夜幕降临大地时，他便将妻子儿女藏在树穴中或一些大圆石后面，因为他的周围到处是残暴凶猛的野兽。夏天，人类受到烈日的曝晒；冬季，幼儿往往在他的怀抱中冻僵而死。在那个世界上充满了恐惧和不幸，生活是非常困苦的。

第二节 史前人的艺术

史前期是旧石器时代、中石器时代和新石器时代的总称。史前期的人类不懂得什么是时间，但他们已掌握了季节的交替。冰川期的到来使人类濒于毁灭，于是聪明人解决了威胁他们生存的四个问题。首先，人们必须用衣服裹体，否则就会冻死，于是他们学会了如何捕捉大熊和鬣狗，用它们的皮给自己和家人做外套；其次是住房，人们把野兽从温暖的家中赶出去，将山洞据为己有；再次，一个绝顶聪明的人想出了利用火的主意；最后，人们发现肉类弄熟以后比生吃的味道好得多，于是他们就做起熟食来了。这样又过了千万年，只有脑子最灵活的人活了下来。他们必须日日夜夜与饥饿和寒冷作斗争，这就迫使他们发明了工具，他们学会了将石块磨成斧头，学会了制造锤子。他们不得不为漫长的冬日储存大量食物，他们发现泥土可以制成大大小小的钵头和罐子，在阳光下晒干待用。

一、石器的魔力

每个民族，都必须使用手边现成的材料，这就像埃及人能修建举世瞩目的金字塔，希腊人擅长大理石雕刻，北美印第安人聚落在崖石上开凿住屋……对史前期人类而言,石头无疑是取之最为便利,用之最为长久的材料。人类的文化最早是写在石头上的,人类的设计最早也是从石头上开始的。以石器进行生产的整个历史时期称为"石器时代",因打击与磨制的不同又划分为旧石器时代与新石器时代。欧洲旧石器时代遗存极为丰富,较典型的是阿布维利文化,是用燧石结核打制的手斧,一端打制成尖刀状,另一端保留结核的钝圆部分,以便手握;另一种较进步的是140万年前的阿舍利文化,是一种比早期砍砸器的刃部更长、更直、更为锐利,并可两面使用的手斧。在我国,首先发现的早期类型直立人的代表是距今约170万年的云南元谋人。距今80万年的陕西蓝田人采用捶击法加工石器,距今约50万年前的北京人的小型石器趋于精致,山西丁村人石器有少量开始第二步修整加工。旧石器时代晚期,石器普遍经过第二步加工,器型变小,因此有细石器之称。人们用压制法修整石器,能制造更为精巧实用的镶嵌复合工具。旧石器时代晚期之前,虽然缺乏人类对于形象的模仿表现的证据,但实用的工具制作和改进,已经显示了许多审美因素。如手斧的几何化造型、对称感,刃口的细小修饰以及刻痕,都不无初级的装饰价值,而且制造工具的过程也为创作艺术作品准备了造型的技巧。弓箭的发明是石器技术的一大进步。

在阿尔卑斯山以北,普遍存在一种以巨大石块构筑的建筑物,其壁面多有几何装饰,这种艺术被称为巨石文化,是人类史前创造的文化类型之一,在世界许多地方都有分布。其中,以大块石头围成,分布在爱尔兰和英国,其中,以英国南部的"斯通亨奇"最为著名。"斯通亨奇"又被称作"史前大石桌"(图1-1),它在等距离的直立巨石上,搁上巨石横梁,以中间的石祭台作为圆心,共有3圈竖立的石块构成圆圈,它

与太阳崇拜有关,是举行宗教仪式的场所。巨石文化还包括同时期的巨型石刻人像和巨石神庙的小型雕刻神像。前者多为按石头原来的形状,稍加凿刻而成,造型古怪;后者多为女性人体像,强调生殖器官,是举行生殖崇拜仪式中供奉的神像。

图1-1　"斯通亨奇"巨石文化

二、串饰为美

人类恐怕早就发现,动物界雄性往往比雌性漂亮,这触动了史前人的痛处,他想使用人工的饰物,弥补自己的缺点,于是就把一串彩色贝壳、或石头、或打磨光滑的驯鹿角,插在头发上、耳朵上或鼻子上。史前初期的男人在寻找食物时,死亡率很高,女人当时不太重要。手镯、项圈、小饰物等奢侈品及其他种种装饰品,都是为部族中的男人准备的,而且只有男人能用。欧洲旧石器时代遗址发现了一些被考古学家称作"护符"的佩饰,这种护符一端有孔,用于系佩,如法国勒·查菲特洞穴出土的刻有两只母鹿形象的骨片,拉·玛德伦岩棚发现的一片雕有一只长满软毛的长毛象的骨雕残片等。

在我国,最具代表性的是山顶洞遗址出土的141件饰物,其中多为穿孔兽牙,其次为石珠、鱼骨、蛤壳等,有的饰物还用赤铁矿粉涂染成红色,是迄今发现的最早的染色饰品。据推测这些饰物是用皮条穿成串,或佩于衣服或系于颈、臂作为装饰品。这些大小不等的牙齿同相应大小的石珠、

骨管等穿缀在一起，揭示了装饰艺术中相互联系的节奏感和变化统一的形式美法则。这些被打死动物不能满足实用需要的部分可以作为史前人力量、勇气和灵巧的象征，满足他们显示自己征服自然力量的欲望。山顶洞遗址还出土了一枚骨针，微弯，表面光滑，针孔细小，针尖锐利，是一件实用的缝纫工具，说明距今约两万年前山顶洞人已能用兽皮缝制衣服了。从那一串串简陋、原始的项饰中，我们看到的不仅是服装和项饰本身的存在，更看到了其中包蕴着的来自人类心灵深处的那种对美的追求和冲动。

三、原始巫风

如果你害怕你的敌人，你就用泥捏成那个人，在他全身扎针，你盼望着他很快很痛苦地死去。猎手在出去寻找猎物之前，往往沉溺于这种把戏。农业知识极其贫乏的史前人，是个靠打猎为生的游牧人，如果他猎不到一只野兽，他就要挨饿，他的老婆孩子也要挨饿，问题就这样简单。因此，他的全部人生哲学、宗教观念，都围着野兽转。有人认为，艺术诞生于宗教，我们从非洲，特别是南太平洋初民的生活考察中，了解到几乎所有种族，都在某一发展阶段相信巫术，而把某种动植物或自然现象当作祖宗的"图腾崇拜"的现象标志着人类的创造活动步入了一个新的阶段。

西班牙的阿尔塔米拉山洞，法国的拉斯科洞窟都发现了距今几万年的史前人岩画，这是至今人们看到的世界上最早的绘画。形象是野牛、驯鹿和野马等，艺术水平极高（图1-2），历经数万年，依然色彩鲜艳，动态十足，线条优美，具有强烈的视觉冲击力。有的野兽轮廓中有一个红色箭头精确地出现在心脏部位，有的岩画还有用利器戳过的痕迹，许多动物都集中地画在特定的壁面上，大概认为这些壁面具有魔

力，各种形象常常相互重叠在一起，可能它们像真实动物一样，一次"杀死"就得重新再画。洞居人日常生活在洞口，而绘画和雕刻常常绘制在洞窟深处，意味着狩猎巫术仪式本身是在大地母腹中进行。人们常常是依赖石壁上天然的隆突缝隙作为造型基础，在洞口透进的光线照射下，或在洞深处

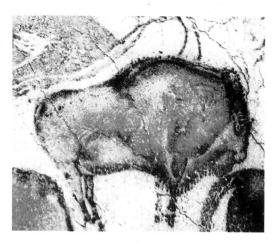

图1-2 史前人岩画

摇曳的火光中，凹凸不平的石块看起来非常像洞居者日常接触的动物形象。有些图形显然出自一人之手，证明这些洞中绘制的各种图形是少数专门人（可能是巫师）所作。这些石窟壁画，没有一幅是朝阳能让路人看到的，那是原始人认为占有一个图画对象就意味着他有一种神秘的权力去占有那个真实的对象，这种近似宗教的相信巫术的情绪，暗含了一种类似巫术的潜意识。《威兰多夫的维纳斯》有着祈愿繁衍的巫术意味，把女性特征夸张得无以复加，有着肥大的乳房和突出的骨盆，从那微曲的膝盖可以看出史前人对人体结构有了一定的了解和表现能力。法国前3万年的《持角杯的女巫》（图1-3）是旧石器时代晚期的遗物，这个女性一手持牛角，一手置腹部，可能是正在主持着一种巫术的活动或是祝愿氏族昌盛。被称为"维伦多夫的维纳斯"的小型

图1-3 持角杯的女巫

女性石雕像的出现也与史前人祈愿繁衍的巫术意味相联系。

在中国,有记载的史前岩画多达二十余处,以阴山、黑山、沧源、花山岩画最有代表性,内容有实体图像、符号,图形及少数文字,有生产和生活场景,也有直接反映精神心态的崇拜图像和祭礼图像。其中,内蒙古阴山山脉、贺兰山北部、乌兰察布高原等地的岩画,作品数量多达数万幅,是北方草原上规模宏大的岩画群。宁夏贺兰山岩画,以类人面形的图像最为突出,形象古怪,面目各异,是原始宗教崇拜的神灵图像,同时也反映出当时人们的装饰欲望和使用面具的习俗。云南沧源岩画,能表现出当时人们各种生产生活的活动场面。如描写狩猎的,有的猎人身旁有狗相随,说明当时狗已被驯养;舞蹈有手拉手的圆圈舞,亦有手持牛角的围猎舞和手持盾牌的战争舞。广西宁明县花山崖画为目前国内已知的规模最大的岩画。画面绝大多数是人物,而且基本上是一种姿势,双手向上伸张,双脚向下开,似作舞蹈。同样的图形反复出现,密密麻麻地布满了数千平方米的崖面。岩画大都发现在江水拐弯的悬崖峭壁上,从这个位置看,最大的功能应当是镇水,因为水患是左江沿岸最大的自然灾害,作画在于镇水,表现出先民对自己力量的觉醒。

有用手指蘸着颜料绘制的,某些较大的图形也可能是使用羽毛或其他工具涂刷的。表现手法古拙独特,画人物大都不表现五官,只通过四肢位置以表现动作、体态和感情。中国岩画在构思上天真纯朴,反映出人类童年时代某种幼稚的想像和美好的愿望。许多岩画往往是一些相互不关联的个别图像,没有近大远小的透视关系,画面采用垂直投影画法,视线与对象最富特征的面保持垂直,追求物体的正面显示。在塑造平面图形时,很善于抓住物像的基本形,物体的结构简化到不能再简的程度。没有细节刻画,大都不画五官,在这些粗制的图形中,却能描绘出生活的真实,显示出活跃的生命力。

人类绘画一直为摹写和再现客观自然而努力,尤其是西方绘画。20世纪前夕,写实绘画开始怀疑、徘徊和探索,具有写生和写意传统的东方绘画和原始艺术给西方绘画的发展注入了新生剂。让我们来欣赏几幅原始绘画杰作:西班牙阿尔玛加洞内壁画《奔驰的马车》(图1-4)是最早的表现主义作品,为了表现速度,反映视觉残留影像,给马多画了两倍的腿;非洲撒哈拉沙漠纳杰尔山崖画《马车》中的车仅画侧面一轮,四条缰绳,两条马尾,表示双马驾车;另一幅《对话人物》中男女二人打着手势表现了声音;西班牙阿尔尼阿洞窟壁画中《采蜜女人和蜜蜂》,纯化形体,夸张特征,表现出淳朴的野性和返朴归真的情趣。中国古岩画中的动物群多无固定视点,无远近也无比例,可能是因为古代民族活动地域辽阔,在大自然中无控制地迁移。

原始人为了生存主要关心的是饮食和生殖，我国汉代许慎《说文解字》中"美者，大羊为美也"揭示了古人的审美心理。因此，原始绘画一般都代表特定的含义，如射猎图——巫术心理，圆舞图——祭祀太阳，庆功图——吉祥图等。

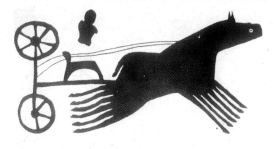

图1-4　奔驰的马车

第二章 文明初始

历史发展到 5000 年前的"新石器时代"，人类开始了定居生活，中国现已发现的最早的人工建筑遗址——浙江余姚河姆渡是柱、梁、枋、板齐全的干阑式建筑，大量运用榫卯结构。原始村落西安半坡村遗址已有分隔成几个房间的房屋，建筑方法为木骨泥墙。这时，除了石器的进一步加工磨光，牙、骨、竹、木、皮工艺的进一步发展外，又出现了一种崭新的工艺形式——陶工艺。陶器的产生是新石器时代的标志，在人类文明史上有着划时代的意义。陶器的发明和使用，意味着人类由野蛮状态进入到文明社会。

第一节 华夏意匠

在最早的主要文明中，有四个发生在肥沃的河谷：伊拉克的底格里斯河和幼发拉底河，埃及的尼罗河，巴基斯坦和印度的印度河，中国北部的黄河。黄河是华夏民族的发源地，那时黄河地区温暖而潮湿，犀牛与大象奔跑在广阔的原野。原始人类居住在干阑式或木架腾空的木草屋里，穿着围裙和披肩，过着定居的生活。

神农氏是传说中的炎帝。炎帝是中国的太阳神，又说他是农业之神，教民耕种，他还是医药之神，相传神农尝百草，创医学，并死于试尝的毒草药。黄帝是传说中中华民族的始祖，他生性灵活，能说会道，道德情操高尚，他联合炎帝，打败蚩尤的入侵，成为部落联盟的首领，即"黄帝"。相传黄帝时期有许多创造和发明，如养蚕、舟车、文字、音律、算术、医学等。历史上尧、舜、夏、商、周，都是黄帝的后裔，故称"轩辕后裔"，"炎黄子孙"。尧帝，德高望重，严肃恭谨，光照四方，上下分明，能团结族人，使邦族之间团结如一家，和睦相处。他为人简朴，吃粗米饭，喝野菜汤，自然得到人民的爱戴。尧到年老时，对舜进行了长期的考察，最后才放心地禅让舜为部落联盟军事首长继承人。舜知人善任选用能人，把各项工作都做得很好，开创了上古时期政通人和的局面。

一、彩陶时代

古有传说"神农耕而作陶"，足以代表先民审美能力和灵巧制作能力的便是彩陶。彩陶是指新石器时代产生的绘有红、褐色纹样的陶器，最早距今约 6000 年左右，延绵整个新石器时代，史称"彩陶时代"。以黄河中游仰韶文化彩陶和黄河上游马家窑文化彩陶最著名，其中仰韶文化以西安半坡和河南庙底沟彩陶艺术成就最高。半坡彩陶装饰以几何纹为主，如带纹、三角纹、平行线纹、折线纹等，而最具特点的是形象生动、结构新奇的人物和动物纹饰。如《人面鱼纹彩陶盆》，既似水中捕鱼的形象表现，又似乎具有严肃的原始巫术礼仪和图腾含义。庙底沟彩陶以碗、盆为多，一般是大口曲壁，口径大于底径，也大于高，平底。碗多直口，盆多折缘，敦厚大方。这种奇巧的造型产生了容量大，端用方便和器型线条劲挺秀美的双重效果。其纹样装饰在物体的主要观赏部分，即在日常使用中与人的视线容易接触的部位：口缘部和上腹部，

图2-1 舞蹈纹彩陶盆

图案构成采取带式连续,适合四周观赏。庙底沟彩陶的装饰还采用了虚实相间,"计白当黑"的平面设计规律。

马家窑文化彩陶有马家窑式、半山式和马厂式。马家窑型彩陶多内外满饰纹样,称作"内彩",纹样以生动并有旋律的曲线构成流畅痛快的旋纹。《舞蹈纹彩陶盆》(图2-1)是其典型的代表作半山型彩陶造型更接近球形,矮胖、敦厚,以长颈小口双耳宽肩罐与小口折缘宽肩罐最有特点。其颈部为弦纹和锯齿纹,腹部装饰多以连弧纹或垂帐纹收尾。马厂型彩陶造型向高耸发展,瘦俏粗犷。纹样以旋涡纹、四大圈纹、人体蛙纹、卷曲纹、回纹为多。

《网纹船形彩陶壶》(图2-2)不仅模拟船的形状,还在两侧画出鱼网纹,让人联想起仰韶文化先民划船撒网的劳动情景。《猪面纹细颈彩陶瓶》身上,用抽象手法绘出了猪面纹,扁平宽大的鼻子以及眼睛、面颊变化成几何形图案,给憨厚、笨拙的猪增添了几分神秘色彩,让人琢磨不已。《人头形器口彩陶瓶》是把人体造型与实用器皿融为一体的艺术精品,器口做成人头形,头顶开孔,以便注水或倒水。齐耳短发,两眼细长,小嘴尖颔,两耳皆穿孔,如孕妇的丰满身躯,又像妇女穿着艳丽、宽敞的花衣裳。《彩绘鹳鱼石斧图彩陶缸》(图2-3)出土时,内

装有成人的骨骸,可知该罐作为成人的瓮棺使用。缸的外壁绘有一只鹳叼着一条大鱼,鹳前树立一把带柄石斧,这是目前所见面积最大的一幅史前彩陶画。大汶口文化的《刻符陶尊》是享祭神灵的祭器,身上的符号象征日、月、山,反映了中国古代的三界世界观。

彩陶是原始艺术情感最真挚、最单纯、最直率的表现,它集中了整个氏族、部落群体的智慧和创造力,有着深厚的历史文明

图2-2 网纹船形彩陶壶

图2-3 彩绘鹳鱼石斧图彩陶缸

积淀。它丰满不臃肿，单纯不单调，在适用与审美上达到完美的统一。

二、龙山黑陶

新石器时代陶器品类是丰富的，除彩陶外还有大量的灰陶、黑陶、白陶、印纹硬陶等，它们都是原始文化的产物，其中以黑陶最具特色。

新石器时代末期发展到父系氏族公社，贫富分化严重，出现了私有制。山东龙山文化距今约4000年，通过封窑，渗水、渗炭，使铁素还原，烧造温度达1000℃左右，把陶胎烧成黑色或灰色。在器皿成型技术上由手制过渡到轮制，使器壁薄厚均匀、形体规整，提高生产速度。龙山黑陶一改低矮敦实的风格，造型趋于简洁、单纯和挺秀，比例加长，在垂直结构上注重直线和转折结构的变化，破直为曲、藏曲于直，将口部略微扩大，使杯口更适合喝水，而底缘的外移显然可增加器物放置时的安定感。黑陶的装饰以弦纹、堆贴、镂孔为主，而利用轮制特长产生的弦纹最有代表性。黑陶中最知名的是胎薄、漆黑光亮的标准黑陶——蛋壳陶，壁厚仅0.5～1mm。

三、神秘文化

谈到神秘文化，大家不会感到陌生。从埃及金字塔到玛雅文化的的确确存在许多世人难解之谜。而在四五千年前的华夏民族，也有着今人无法解释的谜。

1. 良渚神徽

原始社会玉石不分，玉器的用途有三：一是装饰，如玦为耳饰，璜为项饰，玉管为佩饰等；二是防腐；三是祭物。玉琮是中国古代最早出现的玉器之一，它与玉璧、玉圭、玉璋、玉璜、玉琥被称为六种玉礼器，古代人谓之为"六瑞"。

良渚位于浙江余杭，在良渚文化中，最富有特征的是玉琮，而最具神秘色彩的便是刻在玉琮上的神人兽面纹，在几乎所有玉琮上，都刻有繁简不一的神人兽面纹，史称良渚神徽（图2-4），是距今5000年前东方大地上最早的氏族识别标识。玉琮的整体特征是外方内圆，一般为正方体，中部有一孔，外表分成几节，每节都饰有人面或兽面纹，为多层次的浅浮雕兽面纹，兽面周围饰有精细的复杂阴线。

图2-4　良渚神徽

关于玉琮最早出现时的用途，考古界至今尚未统一认识。有人认为是古代纺织机器上的零件，有人说它是古建筑缩影，日本考古学者中则有人认为玉琮是窥测天文的窥管……但目前大多学者认为，这可能是良渚先民用来通天地的法器。他们以天神地祇祖先三位一体作为崇拜对象，神人表示日月即天神，地祇以老虎来表示，图腾、祖先的象征物是鸟。日月、雌雄、阴阳这些对立统一、天人合一的宇宙观，成为中国传统文化的核心。良渚先民所创造的文化辉煌一时，但之后，这一地区的文化却突然消声匿迹了，这已成为江、浙、沪新石器时代考古学界的共同之谜。

2. 双凤朝阳

新石器时代的工艺美术朴实无华，长江流域河姆渡文化和黄河流域大汶口文化都具有华夏民族童年艺术的光辉，位于浙江宁波近郊的河姆渡也以日月禾苗雌雄双鸟三位一体作为崇拜对象，著名的双凤朝阳雕花骨器是河姆渡文化的象征。约7000年前的河姆渡村遗址（图2-5）是原始社会干阑式建筑最典型的代表，所谓干阑式建筑，即木架腾空的木草屋。河姆渡村紧靠在河湖边上，先把木桩打入地上，作为房屋的地基，再用大小梁承托悬空的地板，整个木构建筑由几千根干阑横竖结合而成，板与板之间采用榫卯衔接技术，接口处不见通缝。上层住人，防潮防野兽；下层饲养家畜。人们已脱离"巢居"的生活方式，过着比较固定的"筑土构木"的定居生活，过去在北方发现的房屋遗址多是木骨泥墙，而在江南发现的大片木构建筑，是我国已知最早的干阑式建筑群。7000年前就有如此巧妙的营造术，在世界建筑史上堪称绝作。

图2-5　河姆渡村遗址

四、天人合一

相传15000年前的中华先祖伏羲氏制太极八卦图，以"—"为阳，"--"为阴，绘制成象征天、地、雷、风、水、火、山、泽八种自然现象的乾、坤、震、撰、坎、离、艮、兑八种图形。以黑白首尾相接的双关相互形和最单纯之黑白两色代表宇宙"阴阳"两极，巧妙运用永动不息的S形曲线构成中心的太极，以示万物负阴而抱阳，从而生成天地、化育万物之道。阴阳两极围绕一个中心回旋，形成一虚一实、有无相生、左右相顾、前后上下相随的一种核心运动。太极图中

这个双关相互形"通乎阴阳"的鱼形纹饰，面积相等、形状相同、方向颠倒、黑白不同，反映了我国古代人类对自然的认识，即永恒运动、周而复始、生生不息的宇宙法则。

西方文化从柏拉图开始，一直是讲主客二分的，于是在西方美学中突出的特点是"以个体为美"，强调形象性、生动性、新颖性，与西方人的这种审美趣味不同的是，中国传统美学更强调的是主客统一的"整体意识"，认为万事万物都是一个和谐统一的整体，都遵循同一个本质规律，因而中国古代的艺术家始终致力于"以整体为美"的创作，将天、地、人、艺术、道德看作一个生气勃勃的有机整体，把人的情感赋予物的形式，借物抒情，"以形写意"，"形神兼备"。

在这种"天人合一"的整体的世界观与"物我同一"的审美观念的观照下，中国的造型艺术表现形式不重"写实"重"传神"，不重"再现"，重"表现"，注重表现整体造型的气势，而不是对客观对象事无巨细的全盘描绘。

第二节　神奇的尼罗河

埃及位于非洲东北部，是最早步入人类文明的古国之一，在一二万年前，古埃及人已生活在尼罗河两岸的高地上，过着采集、狩猎的氏族部落生活。公元前5000年左右，他们向尼罗河谷地移居，向定居农业过渡。尼罗河两岸的沙漠阻挡了外来的影响，古埃及世世代代完全按既定法规和先辈风范办事，在艺术上非常尊重传统，这使得埃及艺术风格在3000年时间里没有发生变化，也使持"新胜于旧"观念的现代人很难设想一种绵延数千年而相对稳定的文化传统。埃及经历了几十个王朝的更迭，公元前525年，埃及被波斯帝国征服，沦为波斯的一个行省，丧失了独立，古埃及的历史以

此为标志宣告结束。

古埃及的历史是完全借助于其得天独厚的自然环境和泛神论的宗教信仰而发展的。埃及人视之为生命的尼罗河，是埃及辉煌文化的源泉，所以，史学家们常把古埃及文明称作"尼罗河文明"。

古埃及艺术的一般特点是：建筑体量巨大，宏伟壮观，具有强烈的崇高感；雕刻朴素写实，整体性强，有观念化、概念化和程式化的倾向，表现方法遵守正面律；绘画线条流畅优美，色彩丰富，人物表现采用正、侧面混合法，具有鲜明的风格和独特的感染力。

一、沙漠石山

尼罗河规则性的泛滥，令古埃及人感到不可思议；而冬去春来，日升日落，星辰运转的自然现象，对古埃及人来说亦无法解释，他们相信其背后皆有神灵的存在。他们崇拜、信仰众多神灵，相信人自出生时就有灵魂，相信人能永生。他们信仰太阳神，相信人也会像太阳那样，在日落之后又有日出，人必然死而复活。死后只要尸体不腐朽，并不断供给所需一切，灵魂就会永存于死者遗体中，而在另一个世界继续生存。因此他们将死者制成"木乃伊"，以等待复活的机会。为了保护木乃伊，便产生了安全、坚固的各种类型和规模的陵墓——金字塔，同时将死者日常的生活用品放置其中，以便在另一个世界里享用。

体量巨大、巍峨壮观的3座大型金字塔被称为世界七大奇迹之一。其中胡夫金字塔是80多座屹立在尼罗河略沙漠中最高的一座，高达146.4m。距今已有4500年历史，是法国在1889年建起埃菲尔铁塔之前世界上最高的建筑。这座金字塔的底面积除以两倍的塔高刚好是著名的圆周率 π = 3.14159，穿过这座金字塔的子午线正好把大陆和海洋分成相等的两半……这座灰白色的人工大山，以蔚蓝天空为背景，屹立在一望无际的黄色沙漠上。在这座由230万块重2.5t的巨石砌成的金字塔走道里，由于没有经过风化，石块之间砌筑得严丝合缝，在今天仍连刀片都插不进去。与中世纪基督教的陵墓不同，金字塔内部设计得与死者生前一模一样，是一场"故作镇定"的游戏，是"不灭"和"再生"的宗教信念和"为了来世"的观念的体现。金字塔的入口在北面离地17m高处，通过长甬道与上、中、下三墓室相连，地下墓室可能是存放殉葬品之处。但无论如何设置巧妙机关，都逃不过洗劫，在金字塔修成后1000年内，几乎所有墓穴都被盗窃一空。

《狮身人面像》（图2-6）是金字塔的守护神，它又叫大斯芬克斯，是为纪念法老哈夫拉所建，是人头、狮身、牛尾、鹫翅的人兽合体，至今还伴随着许多神秘的传说。方尖碑是古埃及崇拜太阳的纪念碑，常成对地竖立在神庙的入口处，由完整的巨石雕刻而成，其断面呈正方形，上小下大，顶部为金字塔形，常镀合金。高度不等，已知最高者达50余米，一般细长比例大致为10：1，方尖碑至今仍是最完美的纪念碑的建筑形式。

中王国时期，埃及首都迁到了底比斯，

图2-6 狮身人面像

狭窄的峡谷,陡峭的悬崖,已不适合建沙漠中的山峰——金字塔,法老强迫臣民在山岩上开凿石窟来建陵墓。巨大的神庙代替了金字塔,神代替了人——法老。陵墓建筑出现了背靠悬崖峭壁的倾向,并出现了坡式台阶。为了防止盗墓,法老们把自己埋在悬崖深处颇为简陋的墓室中,而把精力用于外面的神庙建造。对埃及人来说,神庙是有生命的,神庙墙壁上的浮雕和象形文字刻画着各种仪式。法老相信他们死后都能复活,获得永生,轮流受人崇拜。所以,在君主死后,重任就落到祭祀身上。他们要日复一日、年复一年地重复古老的仪式,这样才能使法老、诸神、社会和埃及"地久天长,直到永恒"。在最强大的新王国时期,建造了规模最大的卡纳克和鲁克索神庙,是供奉主神太阳神阿蒙的神殿,距今5000多年。位于卡纳克的阿蒙神庙是规模最大的一个建筑群,在中王国一个小神庙旧址上开始扩建,历经六七代法老,近1000多年的时间才告完成。大殿密排着134根大柱,中间两排12根柱高21m。所有柱子、梁枋刻满彩色阴刻浮雕。殿内石柱高耸入云,仅以中部与两旁屋面高差所形成的高侧窗采光,光线阴暗,形成法老所需要的"王权神化"的神秘压抑的气氛。柱子的发明使用是古埃及的伟大功绩之一,它直接影响了希腊的建筑形式及以后的西方建筑。

二、永恒之谜

古埃及永恒不变的艺术原则体现在绘画与雕像上最为显著。埃及全国的人,都以万物不变这一假想,作为生活基础,埃及艺术家是在为永恒工作,他们所表现的是社会性。神就是神,君主就是君主,老百姓就是老百姓,一切安排都很简单,很周到。古埃及人的面部表情,全然没有人世间的喜怒哀乐,赞同或不满。他们的眼睛,永远直视前方,说他们眼神发呆,是不公平的,他

们是在凝视什么东西,远在凡夫俗子的视野之外。他们的艺术还有记录作用,强调秩序感和完整性,他们从最具有特性的角度去表现人:头部侧面,眼睛正面,上半身正面,腿、胳膊、脚侧面,叫做"侧面律"(图2-7)。

图2-7 侧面律

古埃及绘画更多地出现于墓室内,多表现法老及其家族的个人生活,虽表现丰富的内容而不显得杂乱,人物的大小依据所谓的等级比例、社会地位。目前已知最早的壁画是在一座墓室中发现的,画面中心是6只大船,船周围和其他空白处有很多人和动物。右下方两个搏斗着的武士,一人头朝下,说明被打败;左下方是一名战胜者,他手举棍棒,押着3名俘虏。尼巴蒙陵墓壁画中人物大小依据等级比例,一家人站在纸莎草苇编制的小船上,左边的岸上长着植物,画面洋溢着生命的气息,艺术家甚至注意表现水下的生物。

用以记录绘画中人物名字的是最终被法国语言学家商博良破译的象形文字。据估计,埃及一座塔庙中的象形文字每天从早抄到晚,20年也抄不完。

现藏于伦敦博物馆的一张被英国士兵

发现的3000年前埃及第比斯的寻人广告是国外迄今发现的最早的广告，这是一张文字广告，内容是奴隶主悬赏一个金币捉拿奴隶西姆。

古埃及雕塑偏重于紧密结构、严实的形体，具有力度和几何图形般清晰的特点。人物五官由固定的比例确定，眼睛的刻画多有眼珠而无瞳仁，目光茫然，无所定视。相貌与真人相像，但不突出个性特征，以各等级的一般特性为标准。如法老要威严、神圣，不能带有世俗情感；皇亲贵族要富裕、满足；官职人员要认真负责、驯服听话等等。《哈夫拉法老像》用闪长岩雕刻而成，他端坐王座，头部后面有一只神鹰伸开双翼包着他的头，象征神的保护。《书记像》表现了一个盘腿而坐，左手拿着纸草卷，右手似拿着笔在书写的忠心耿耿、一丝不苟的文职人员形象。《米塞里努斯国王和卡墨勒纳蒂王后像》（图2-8）相当注意人体解剖

图2-8 米塞里努斯国王和卡墨勒纳蒂王后像

学特征，这对立像外形肃穆，取正面姿势，这是皇族雕像的范式，不过塑像还是表现出了热情和生命的活力，王后对国王的触摸充满温柔、爱恋之情。木雕《村长像》是一个现实主义杰作，再现了一个粗壮结实、矮胖敦厚的中等阶级的监工，他肥胖的身体、骄傲的神情，反映了这一等级生活的富裕和满足。《奈费尔提蒂王后头像》表现了一位美丽而又骄横的王后，令人惊奇的是，这尊头颅重大的雕像没有任何底座，头部的全部重量都由直径细小的脖颈支撑，这些大胆的处理，在埃及美术史上是绝无仅有的一例。

三、巧夺天工

古埃及的实用艺术注重装饰性表现，强调精神上的作用，大量作品是为死者能在来世继续"享用"而存在，所以明显地表现出一种静穆而冷峻的情调。

《黄金王棺》（图2-9）是迄今为止已发现的惟一未遭盗掘的图垣卡蒙木乃伊而做的其中一层棺材，按国王本人相貌创作，显示着不可一世的威严气质。公元前1350年，通过妻子得到王位的图垣卡蒙死时只有18岁。图坦哈蒙的金棺的基本形状为人形，长约180cm，耗纯金200余公斤，局部以珠宝翡翠点缀，装饰性极强，国王额部的蛇形装饰，既是埃及人崇拜的神灵，又是王权的象征，体现威严的假胡子，双手交叉，紧握权杖，不可一世，又是保护死者在阴间平安再生、来日复活的象征。图坦哈蒙的宝座为木制，嵌以金箔，四条腿做成神牛蹄形状，扶手是两个头戴双重王冠的鹰翼蛇身神像，扶手前有两个狮子头，靠背用金片打制而成，椅背上精美的浮雕画表现了法老温和舒适地坐在宝座里，他的妻子端着一杯饮料，温柔多情地送到丈夫的面前。

古埃及的"黑顶陶器"造型单纯简练，黑红两色对比强烈，器型外部线条自然流

图2-9 黄金王棺

畅。《雪花石内脏壶》是葬礼用容器，壶上绘以死者的肖像，形态典雅，肌理对比明显。公元前3000年埃及就发明了玻璃，但并不透明，《玻璃鱼形容器》最能代表古埃及玻璃工艺，这件绚丽多彩的艺术品仅有14cm长。

古埃及的金属工艺成就及其辉煌，令世人瞩目。《公主金冠》以环状头箍为中心，上下皆以叶片装饰，但上面的一组叶片立起，下面的三组叶片呈下垂状，形式优美，造型简洁；《黄金耳坠》有螺栓结构，可自由摆动；《黄金拖鞋》以纯金板组合而成，鞋底铭刻圆形花纹。阿门内姆哈特二世的女儿有一顶王冠尤具特色，王冠由很细的金线编织成精美的星星状花朵，每隔一定的距离，各组金线汇合在一起编织成4朵盛开

的纸草花，纸草花围着一个圆盘，里面镶嵌着肉红玉髓石和绿松石。图特摩斯三世妻妾的遗物中，有一个精美华丽的玫瑰花图案的金箔王冠，由900个金质玫瑰花构成，还镶嵌有彩色玻璃与宝石，前额部分有两只可爱的羚羊头像。《羊形把手银罐》一只金羊趴在银花瓶的边缘好象要呷里面的水，它的鼻子上拴着可以把花瓶挂起来的圆环。

四、音乐起源

人类社会从什么时候开始有了音乐，已无法查考。自古至今在音乐中却没有国界之分和种族之别，不仅如此，甚至不通语言的动物都能感知音乐。只要有文化的地方就必然有音乐，也必然有某种乐器。音乐是难于捉摸其实体的东西，然而也是在一切艺术中最容易被理解的艺术。埃及文明是世界上最古老的文明之一，可推想当时音乐已非常发达。由于时代过久，当时究竟是什么样的音乐已不得而知，但从作为帝王古墓的石壁的雕刻上，可以看出演奏音乐的状况及音乐演奏者的行列，雕刻中有以手指弹奏的竖琴状的弦乐器以及各种笛类乐器。竖琴中既有抱在手中弹奏四、五弦的简单而小型的，亦有弦数超过二十根，长若人体而须站立弹奏的大型者。竖琴无论大小，均呈弯月状，有的并附有复杂的埃及式装饰。

第三节 两河之间的土地

位于西亚的幼发拉底河和底格里斯河（简称两河流域）是人类文明的发祥地之一。两河流域文化和古埃及几乎是平行发展的，但风格差异很大。古埃及人在以可怕的大沙漠为屏障的一条狭窄的河谷里，享受了数千年较为连贯的自治生活；而两河流域人却无法抵御外来势力的不断侵扰，其文化扑朔迷离，有苏美尔人的马赛克、阿

卡德人的铜像、巴比伦人的碑，赫梯人的武士雕像……独特风格主要在于更多地注重人们现实生活的表现，是一种原始的现实主义风格。

一、勇猛善战

两河流域是西亚的走廊，古代居民成分复杂。与埃及相比，埃及人生性温良，热爱和平，所表现的任务都有一种文雅气质，仕女画似时装图片，小心翼翼，技法娴熟地夸大女人的魅力。而亚述和巴比伦人，好勇善斗，视残忍为常事，把人弄得短小、强悍，上臂肌肉发达，俨然突击队员。4000年来，埃及只住过一种人，而美索不达米亚，在不同种族之间，经常易手。他们表现动物的现实手法，较之埃及人略胜一筹。巴比伦人和亚述人的很多精工细雕的浮雕，表现的是种种磨难景象，其兽性已达极点，虽然这些血腥暴行的参加者已6000年前物故，人们至今见了，仍感到毛骨悚然。浮雕《垂死的牝狮》就是这样一幅古代写实主义代表作。

二、废墟之都

由于两河流域人用的建筑材料为土坯和砖，保存不易，许多著名的城堡如今都变成了一片废墟，为了减少风沙和流水的剥蚀，他们于公元前3000年最早发明了琉璃。大量使用琉璃砖贴面，如新巴比伦城的伊什达城门，用蓝绿色的琉璃砖与白色或金色浮雕作装饰，不但保护了建筑，而且精美异常。这个民族崇拜一系列的自然神，拜神的地点是城邦中心，传说中的"巴比伦通天塔"是最有名的一座。在今伊拉克境内的《乌尔观象台》（图2-10）是古西亚人崇拜山岳、崇拜天体，观测星象的塔式建筑物。它建于一大平台上，外形呈阶梯形，四角正对方位，内为实心土坯，顶上有庙或祭坛，由单坡道或双坡道通达，土坯墙外贴一层烧砖面饰。而后兴起的亚述帝国，在统一西

亚，征服埃及后，在两河流域留下了规模巨大的建筑遗址，如建于公元前7世纪的《限艮王宫》，高居于离地18m的人工砌筑土台上，有30个院落210个房间，这座宫殿完全像个堡垒。宫殿中有28个人首翼牛像（图2-11），有着五条牛腿的巨牛身上有张开的双翼，留着长须的人首凝视前方，它把圆雕与浮雕结合在一起，周密地顾及建筑雕塑的观赏条件，使雕像从正面与侧面看时均能完整。同时，亚述人在拱券结构应用上也取得了很大的成就。

图2-10 乌尔观象台

图2-11 人首翼牛像

三、抽象符号

公元前2000年后，亚述人走下历史舞台，但奇怪的是，他们的文字却保存了下来。从美索不达米亚的浮雕上看到一种奇

形怪状的文字，这是亚述人发明的文字，与埃及人发明象形文字的年代大致相同。所不同的是，埃及人是用毛笔书写象形文字，而苏美尔人是用钉子或木棍，把字刻在陶土砖上，即楔形文字，这是已知世界上最早的文字系统。据考，楔形文字出现在公元前3200年左右，当时的税务官很长时间以来便用烘烤过的泥板作为记录羊、谷物和油这样的商品的数量的工具——开始通过将形状各异的符号印在湿泥板上来作记录。他们很快在泥板上刻下了其他的象征符号，那些最初印在湿泥板上的符号不久便改用削尖的木棍刻在泥板上，后来刻写的工具变成了三角形的芦苇，楔形文字因而得名，最初写实的符号逐渐演变成较为抽象的楔形文字。巴比伦人和亚述人才得以为后人留下了关于他们的极为复杂的社会的无与伦比的宝贵记述。

四、骁威之势

由于战乱频仍，两河流域的艺术中以表现战争、战事题材最多。如具有纪念意义的《奉献用石板》以石灰岩制成，正中有一圆孔，分上下两个装饰带，各有一个代表首领的明显高大的人物，构成"互补式"装饰形式。再如《纳拉姆辛石碑》巧妙地利用了石材的自然形式，打破了平行排比，在统一中有了起伏扭动的动态，躯干中虽有较真实的刻画，但保留了正身侧面的程式化表现。另一件珍贵的历史文物是《汉谟拉比法典》，这块2.25m高的石碑，造型遒劲，装饰古朴，石碑下半部分镌刻着楔形文字的法典条文，是古代第一部完整保存下来的成文法典。《黄金牛头》使威严的牛头与竖琴完美地结合为一体，使用了一种奇特的材质——原始沥青，与黄金的色彩和质地形成鲜明的对比。《萨尔贡一世铜像》表现了"世界四方之王"粗豪而骁悍的气概，富于个性而充满生气，线条高度流畅概括，神态

自然超脱，须发装饰独特，是写实主义手法的一大渊源。

第四节 浩瀚的印度河

印度是世界四大文明古国之一，印度河流域是印度文明的发祥地，它的文明可追溯到公元前3000年的哈拉帕文化。印度文化是多民族、多宗教的混合文化，与希腊文化、中国文化并列为世界三大文化体系。公元前11世纪，生产力的提高促进了奴隶制国家的形成，印度形成了严格的社会等级制度。之后，从长达4000年之久的印度教衍生出了佛教。古印度艺术自始至终充满着宗教色彩，表现出极度丰富的形式和内涵，而且有很大的神秘感和隐喻性，对生殖的崇拜及对性的直观表现，带有一定的人文色彩。特有的浪漫主义色彩为古印度艺术注入了清新、活泼、典雅、瑰丽的风韵。

自古以来中国与印度之间的文化艺术交流史不绝于书，中国古代赴印求法高僧法显、玄奘、义净等人的记载现已成为研究印度文化艺术的宝贵文献。

一、静谧城堡

厚厚的淤泥和风吹来的沙土掩埋和保护了那些散落的居住区，这就是世界上最古老和最大的城市遗址——莫亨佐·达罗城（图2-12），这座看似静谧的城堡在公元前3000年不知有多么繁华和喧嚣。

它看上去被分为好几个部分，包括一座位于高处的"城堡"和地势较低的城区。一条大马路自北向南纵贯城市，无数小街与小巷组成不规则的路网。所有土堆上都有私人住宅，旁边挨着的看上去像是一些公共建筑。房屋是用烧制的砖块建成的，在坚实的地基上面，房屋至少建有两层。大多数住宅的底楼正对着马路的一面都是毛坯状态，没有窗户——这种旨在防止恶劣天

图2-12　莫亨佐·达罗城

图2-13　桑奇大塔

气、噪音、臭味、邻居骚扰和盗贼闯入的城市习俗至今仍为近东地区的许多地方所遵行。正门位于房屋后面的小巷，对着一个宽敞的门厅，再向前是一个院落。院子上方可能还突出着一个木制露台，两边则是一个个独立的房间。一段砖砌的楼梯直通楼上各层和房顶。由于纱窗是用木头、赤陶土或雪花石膏格栅做成的，房间的采光和透气性都很好。很多人家都有自用的水井。居民住在设计合理、配有排水系统的房子里，城市街区的布局也井然有序。莫亨佐·达罗著名的大浴池可能曾用于某种原始宗教沐浴仪式。

窣堵坡（佛塔）是埋葬佛骨的地方，从早期印度坟茔发展而来，是信徒们尊崇的对象，认为绕塔回行是对佛的无上恭敬。《桑奇大塔》（图2-13）由砂岩建成，圆顶坚固，四座大门象征东南西北，信徒沿着典礼仪式规定的路径绕塔而行，象征着环绕世界大山，走过人生之路。中国佛塔是从印度塔和了望塔混合发展而来，日本人又给宽檐式的佛塔结构加了一些改变。印度教神庙被看作印度教诸神在人间的住所，神庙的高塔象征着诸神居住的宇宙之山，《康达里亚摩河提婆神庙》具有复杂而神秘的结构，由众多小塔围着一座单一的大塔，垂

直而立，似乎从平坦原野轻易拔地而起，犹如生命有机体不停向上生长。印度有许多作为佛教标志的石柱，柱头上的四头狮子精神饱满、手法洗练，还刻有覆莲、轮回、马、牡牛、象等佛教形象。著名的阿育王石柱是独石纪念圆柱，柱身镌刻诰文，柱头雕饰兽类，铭记征略，弘扬佛法。

二、生机勃勃

构成印度传统艺术最显著特征的强烈生命感，似可从达罗毗荼人的生殖崇拜中追溯渊源。印度艺术的这种特别有生机的自然主义风格，从雕塑《男性躯干》上能清楚看到，躯干表面显得富有弹性，给人以栩栩如生的感觉，宛如它是一个气息舒匀的血肉生命！康达里亚庙的雕刻突出了人体自然美，缠结的形体象征着人躯体内部神性的爱，这是精神和谐的比喻。仅有10cm高的《陶塑母神》由用手搓揉成的泥条塑造而成，却犹如给泥土注入了血液，表现出潇洒大气的写意风采，不灭的生命力由此而生。在莫亨佐·达罗遗址出土的石艺品《男子胸像》富于浓郁的装饰情趣，超然的目光，紧闭的厚唇，顺直排列的长胡须，俨然一个受人敬仰的长者或神灵。在印度教里，湿婆是最高的神，掌管着宇宙的创造、维护、分解和再创造，《舞王湿婆》（图2-14）

图2-14　舞王湿婆

的巨大的浮雕车轮富丽堂皇，被视为印度文化的象征。卡朱拉侯神庙的悉卡罗呈竹笋状，主塔周围环峙多层小塔，卡朱拉侯雕刻以神庙外壁高浮雕嵌板带上千姿百态的女性雕像和爱侣雕像著称，造形极美，性感极强，亦属于成熟期的印度巴洛克风格（图2-15）。

图2-15　卡朱拉侯神庙

表现的是印度教最高的神——湿婆在太阳轨道里跳宇宙舞，当她翩翩起舞时，便睁开了洞悉过去、现在、未来的三只眼睛，她舒展四臂，整个宇宙像光一样从她身上映现出来。桑奇大塔塔门浮雕题材多取自佛传故事，构图密集紧凑，往往一图数景，东门的《树神药叉女》托架像，似乎是一个有血有肉，又有心脏跳动的女神，初创了表现印度标准女性人体美的三屈式，人称"东方的维纳斯"。

印度教诸神基本上是自然力量的化身，宇宙精神的象征，生命本质的隐喻，因此印度教艺术必然追求动态、变化、力度，呈现动荡、繁复、夸张的巴洛克风格。这种巴洛克风格带有印度传统文化的显著特色，生命的冲动、想像的奇特和装饰的豪奢似乎都超过欧洲的巴洛克艺术。

奥里萨神庙曲拱形的悉卡罗呈玉米状，奥里萨雕刻装饰繁丽、动态夸张，属于成熟期的印度巴洛克风格。康那拉克太阳神庙

在印度河文明城市遗址中不断被挖掘出来的神秘的刻有独角兽、菩提树、女神等图案的印章可能是用作护身符和在神庙中举行仪式或贸易交往的信物，上面刻着有情节的图案和谜一般的文字。

三、普渡众生

佛教2500余年对全世界成千上万人的吸引力，很大程度来自佛陀的沉默。他是大彻大悟、悲天悯人的思想体现者，他已超凡脱俗，忘情于世事纷争，并不想理解或改善这个世界，而是解脱尘世之苦，全部关怀是普渡众生。佛教的创立者乔达摩·悉达多，通常称他为"释迦牟尼"或"佛陀"，简称"佛"（即觉悟者）。传说他是当时迦毗罗卫城净饭王的儿子，29岁出家，修行7年，自称得道，后在恒河中游一带传教40多年，死后，佛教传播甚广。早期佛教教义集中表现为"四谛"（真理），即苦谛、集谛、灭谛和

道谛。认为人的生、老、病、死一切皆苦，苦的根源在于各种欲望，有欲望便有行动，有行动便造了"业"（即行动的后果），因此因果不断、轮回不已，为了灭苦和摆脱轮回，关键在于消灭欲望。为此必须达到绝对宁静的"涅槃"境界，因此每个人必须自己修行，主张"众生平等"，只要笃信佛教就能得到解脱。

印度艺术往往是宗教信仰的象征或哲学观念的隐喻，而非审美关注的对象。印度教是对长达4000年之久的在印度发展的各种宗教、哲学和文化习惯做法的总称，佛教是从中衍生出来的。印度教与佛教不同的教义形成了两种截然不同的艺术设计风格。佛教伦理学注重沉思内省，佛教艺术便强调宁静平衡，以古典主义的静穆和谐为最高境界；印度教宇宙论崇尚生命活力，印度教艺术便追求动态、变化，以巴洛克风格的激动、夸张为终极目标（图2-16）。

图2-16 印度教艺术

第三章 邦国之争

第一节 华夏争霸

一、凝重之美

约公元前21～前19世纪是我国历史上第一个朝代夏代，已处于奴隶社会形成期，继之而起的商代（公元前16～前11世纪）是奴隶社会形成并发展的时期，到了西周是鼎盛期，春秋时代奴隶社会衰落了。

有句老说"言必称三代"，三代就是我国历史上最早相继的三个王朝——夏、商、周。而三代之首的夏代，对人们来说始终是一个解不开的谜。春秋战国时的人在回顾历史的时候，对夏族就觉得茫然。原始社会末年，在广袤的中华大地上逐渐形成了若干部族集团，其中以生活在黄河中游及其邻近地区的华夏集团最为强大，以黄帝与炎帝两大部落为核心。黄帝死后，其五世孙尧当上部落联盟首领，他和大家一样住茅草屋，吃糙米饭，煮野菜作汤，夏天披件粗麻衣，冬天只加块鹿皮御寒，衣服、鞋子不到破烂不堪决不更换。老百姓拥护他，如爱"父母日月"一般。尧舜禹"禅让"的历史传说，反映了原始公社民主制度。大禹治水，禹的儿子启掌握实力，禹崩启继位，结束了禅让制，建立世袭王权，因启的部落名夏后氏，古史称夏朝。启、太康、少康、夏桀，共传十四代，夏桀是夏王朝最后一个国王，是有名的暴君，众叛亲离，公元前1700年左右被商汤所灭，共有470多年历史。

商是夏时的一个诸侯国，由于殷人善贾，周人重农，后来周人以贱视贾人称之为商人，商以玄鸟为图腾，据《史记》、《诗经》记载，有贼氏的女儿简狄吞了玄鸟之卵而生下商的始祖契，"天命玄鸟，降而生商"。周文王广求贤才，周武王伐纣，商共经历了16代，前后600年左右。

西周时期的社会经济比商代又有发展。大量使用奴隶生产，为社会提供了更多的剩余劳动产品，促使各种手工行业得到发展。青铜业生产进一步扩大，文字的使用也更广泛，农业、畜牧、纺织、冶金、建筑、天文、地理等科学技术也有不少新进展。人们已经掌握了人工冶铁技术。前770年，周平王东迁，至476年周敬王卒，史称春秋。此时全国处于分裂割据状态，诸侯强大，百家争鸣。

1. 青铜时代

人类在长时期的生产实践中，其物质文化进入了一个新的历史时期——青铜时代，商周两代的青铜文化处于一个鼎盛时期。这是一个每事必卜，神灵万能的时代，鬼神观念十分强烈。铜器本身在于"通民神"，即通天地之用，为上层社会的祭祀用器。奴隶社会是最野蛮、最残酷的剥削社会，为了增加威慑力和为少数权贵歌功颂德，青铜艺术大放异彩，并充满了沉重与压抑的意味。

青铜是一种铜、锡、铅的合金，它熔点低、硬度高、气孔少、光泽度强，由陶范法和蜡模法浇铸刻画而成，种类繁多，有烹饪器、食器、酒器、水器、乐器等。据史籍记载，商、周两代是青铜器制作的黄金时期。中国最早的青铜器诞生于公元前3000多年的甘肃省马家窑，马厂文化遗址曾出土那时期制作的铜刀。

商、周时期，我国的冶金技术水平进步很快，青铜器制作进入鼎峰阶段。这时期出品的青铜器，是世界青铜文化中最典型，最丰富的代表。河南安阳出土的《司母戊鼎》重达875kg，是世界上最重的青铜鼎。鼎是烹饪器，多圆形也有方形，圆鼎有三足两耳，方鼎有四足两耳；鬲与鼎用途相同，惟三足为囊状，中间有容积，称为"款足"，由于接触面多，可以减少烧煮时间。长方形的食器有盖，盖的形状与器身相同，翻转来又可另作一器皿使用。盘是盥洗器，鉴是最早的镜子，可以用来察形整容。

周末与春秋的青铜器比较轻巧方便，更接近实用的要求，如善于使用盖和座。著名的莲鹤方壶（图3-1）精巧玲珑，更加日用化。铜器上面所装饰的动物合体形态使整个器物充满生命力，乍看之下非常复杂，实际上只有几种简单的主题交互变化组合，如饕餮、老虎、夔龙、夔鸟、蝉、鱼等。其中饕餮（图3-2）最为常见，这是一个凶狂的怪兽，传说食人多害及自身故有首无身，其实是龙图腾的演化，用来显示权者的威严。青铜器上的几何纹往往用作底纹，有回纹（云雷纹）、乳丁纹、环带纹、窃曲纹、重环纹等。除动物与几何纹样外，还有文字装饰。青铜工艺的装饰构成有适合式、二方连续、四方连续和垂叶式排列等。

西周社会还对青铜器的使用制定严格的等级。以礼器来说，就有"天子九鼎，诸侯七，大夫五，元士三"的规定。许多贵族视青铜器为身份的象征，除身前大量享用，死后也把大量的青铜器随葬。此外，青铜器的文字，对后世了解当时社会发展，重大事件、生活习俗，有着极其重要的价值。

图3-2 饕餮

2．雕琢之美

好几世纪前，住在河南安阳附近小屯村里的农夫在耕田时或下雨后，常发现一些奇怪的骨头，其中有些骨头经过打磨，表面像玻璃般光亮；另有些骨头背面排列着一行行椭圆形凹槽及T形裂纹；还有些骨头上面留着非常原始的文字的痕迹，这就是迄今已发现中国最早的文字——甲骨文，甲骨片（图3-3）上记载着商朝王室的文献。最早的图形符号出现在公元前5000年或前4000年的新石器时代。这些中国古代先祖书写的文字显然是世界上最早的文字之一，它们与甲骨文有着承传关系。

玉佩，亦称"玉"，是我国古代特有的

图3-1 莲鹤方壶

图3-3 甲骨片

图3-4 妇好玉人

专供人身体上佩挂结缀的饰品。在古代中国，玉石与象牙和黄金相比，以其质地坚硬而透明，经过琢磨备显精美温润，故而更受青睐。玉石含有珍贵和纯洁之意，用于宫廷礼仪中，有"天国的宝石"之美称，是王侯和贵族的象征物品。在殡葬仪式上，玉石可献于上苍。富人以玉石为装饰品，而且在孔夫子看来，玉石尽显"君子之德"，在玉中，包含着智慧、仁慈、忠诚和真理。从公元前第五世纪开始，玉石已经作为墓葬中的随葬物品。后来，以玉石有防腐之效，置于尸体的各个孔道。玉蝉通常放在尸体的口腔里，因为蝉这种昆虫，在地底下生长时间很长，它们慢慢钻出到地面上来，仿佛在死亡后又复活一样。在河南安阳殷墟妇好墓中发现了600多件玉器，有很多难以辨别其用途。

玉在商周时已成为奴隶主的佩饰，周代更赋玉以哲学思想。如著名的"妇好玉人"（图3-4），既似武丁之妻妇好的生前宠物，又似与神交往的媒介。商周时冶玉技术有了极大进步，切磋琢磨，无一不精，有些玉器更是适应了玉石本身的特质，如商代"鸟形玉佩"在璜形玉片的基础上，利用钻孔和磋口，表现得恰到好处。西周春秋的佩饰中出现成组的串饰，由各种形状、各种颜色的穿孔玉石，并间有蚌、贝、料珠等组成，在穿缀过程中，对石珠大小颜色都有所选择和设计。商代骨工艺较发达，如古代筷子"雕花骨匕"无论造型还是装饰都考虑到人的需求。

玉璜，在中国古代与玉琮、玉璧、玉圭、玉璋、玉琥等，被《周礼》一书称为是"六器礼天地四方"的玉礼器。玉璜的形体可分两种，一种是半圆形片状，圆心处略缺形似半璧；另一种是较窄的弧形。一般玉璜在两端打孔，以便系绳佩戴。商周以后，玉璜逐渐形成具有礼器和佩饰的两种作用。商代起玉璜成为人们流行的佩带物，原来一般的玉璜无法显示出佩带者美化自己的意愿，又不能区别佩带者的地位、身份。因此，商代起的玉璜在饰纹和式样上出现多样化，以满足各层次爱玉者需要，人形璜、鸟形璜、鱼形璜、兽形璜等，就是商代玉雕艺人所创新品种。战国时期出现镂雕玉璜，多为龙纹，唐代以后玉璜渐渐消亡，取而代之的是各种玉佩饰品。

7000 年前，出土于河南殷墟的一件青铜器上镌刻着卖马的铭文，可视为中国迄今发现最早的广告。

3. 日常生活

商朝最普通的建筑方式是"版筑"，即以木材为主，中间填塞泥土，重要的建筑多以石雕野兽头为装饰。商周宫墙文画、雕琢刻镂，极尽奢华。河南偃师二里头商代早期宫殿遗址是现知最早的宫殿，以廊庑围成院落，前沿建宽大院门，轴线后端为殿堂。殿内划分出开敞的前堂和封闭的后室，屋顶是庑殿重檐，整个院落建筑在夯土地基上。以后，院落组合和前堂后室成了长期延续的宫殿布局方式。

商代已掌握了斜纹织花的技术，可以织出疏密相当、组织严密的暗花回纹四方连续图案，服饰是上衣下裳，周服比商宽松，长度过膝，衣袖有大小二式，腰间丝带束系打蝴蝶结。春秋战国之交盛行深衣，即上下相连，左右对称，工整的连衣。在儒家理论上，说深衣的袖圆似规，领方似矩，背后垂直如绳，下摆平衡似权，符合规、矩、绳、权、衡五种原理。受阴阳五学影响，深衣的颜色以象征东南西北的青、红、白、黑为正色，只有皇室官员可以用，而黄色最贵重，象征中央，为帝王独用。上衣纹样用绘，下衣纹样用绣，其中纹样按官位，依次分为十二章（图3-5）、九章、七章、五章等。商周坐息方法有四：①坐地；②蹲居；③跪坐；④高坐。息地而坐与蹲居较普遍，为此发明了席子，几、宁、床、禁等家居也出现了。

陶器是人民生活最密切的用器，商代

釉陶已完全具备了早期瓷器的特征，称"原始瓷器"。白陶的胎土已是后代制瓷用的"高岭土"了。占数量最多的灰陶在实用前提下，有着单纯简朴的艺术风格，与青铜工艺形成了鲜明的对照。

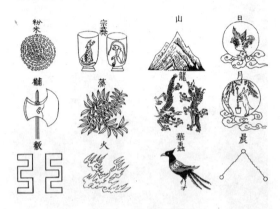

图3-5 十二章纹样

春秋时期已有了"幌子"与"简帛"等最早的广告形式，幌子即酒旗，是酒家的标志。战国有"买椟还珠"的故事，椟子被称为"千古包装"。春秋战国孔子六经、诸子百家学说都写于简策之上，但简策一旦散乱会发生"错简"，而缣帛轻软平滑但成本高。

4. 百家争鸣

尽管战事纷纭、社会动乱，东周时期在人类历史上仍是一个充满活力和智慧的时期，哲学流派激增，出现了百家争鸣的局面。儒、墨、道、名、法、阴阳、纵横是当时知名的流派，其中儒家与道家影响最为久远。社会要求在官学外还应有私学，以培养更多官吏人才，后来被尊为孔夫子的孔子正是在这种历史条件下出现在当时的。孔子，名丘，字仲尼，有感于社会动乱、礼教的没落，孔子寻求建立良好社会秩序的良方。通过自学，孔子从中国传统文化中汲取能量，中庸和责任感是他教育思想的核心，他主张"修身自德，治国平天下"、"道之以德，齐之以礼"、"严于律己，宽于待人"。道家，是在动荡不安的周朝应运而生的另一个哲学派别，其创始人是老子，据说其母怀胎62年才生出他来，出生时已是一位白发苍苍的老者。老子的著作《道德经》反映了道家的理念：无为。他主张的无为就是无不为。儒家和道家代表了两种哲学观，体现两种中国文化观。从对人民幸福和社会价值的态度来看，中国文化是一种伦理性文化，这是一种内敛的、自满自足而又充满辩证内容的，具有强大吸收、消化外来文化成分，同时又保持自身独立性的文化。孔子提出"笃信好学，宁死善道"、"讲道德，讲礼仪"正是这种文化观的表现。从与自然、宇宙的关系来看，中国文化又是一种亲和性文化，与自然"相融相合，相近相亲"的"天人合一"，老庄的"天道无为"，庄周梦蝶的"物我合一"都表明了道家的主张。

二、百花齐放

战国和春秋一样，全国仍处于分裂割据状态，但趋势是通过兼并战争而逐渐走向统一，"战国七雄"经过争霸，最终秦灭六国，统一中国。秦王嬴政从即位到称始皇帝的26年间，相继消灭了韩、赵、魏、楚、燕、齐六国，建立了统一的多民族的中央集权制国家。秦朝是中国第一个统一的封建制帝国，仅仅过了15年，中国历史上第一个统一的封建王朝便土崩瓦解了，在中国历朝风云变幻的2000年里，极少数朝代，如秦朝，虽昙花一现，但对后世的影响却是深远的。秦始皇统一了中国大陆，除西部、西南部和东北部的边疆地区尚未开发外，其版图基本沿用至今；始皇时建立的一套中央集权制度，也基本上为后世历代王朝所继承；秦代修建的万里长城，至今仍是世界建筑史上的奇迹。但秦始皇的统治却是历史上少见的残暴统治，因此它很快又被人民起来推翻，成为短命王朝。

楚汉相争，刘邦知人善任，因势利导，终于登上西汉统一王朝的皇帝宝座，休养

生息，独尊儒学，先后有"文景之治"与驰名中外的"丝绸之路"，历史进入了封建社会的开端。西汉是我国第一个统一强盛的帝国，在西汉统治的近400年的历史中，国力强盛、人民安乐，呈现出一派太平盛世的景象。在此期间，中国一直以世界强国的面目屹立于世界之林。由于政治经济的稳定，使得手工业、商业、人文艺术以及自然科学都得到长足的发展。以纺织为例，西汉已有接近成型的绣花机器，使得生产率提高。手工业的发展促使商业繁荣起来，以长安为中心形成了许多商业城市，并通过丝绸之路开辟了与西亚诸国的外交与商贸等诸方面的交流。在汉朝的人文艺术领域，出现了一位杰出的大史学家——司马迁。他以太史令之职，完成了我国第一部通史《史记》，这部著作被后人赞为"史家之绝唱，无韵之离骚"。西汉自高祖刘邦创建以来，使中国一度成为强盛、富饶的大帝国。因此，西汉王朝被视为中国历史上的第一次中兴。

东汉中后期，完全被宦官、外戚交替掌握，造成社会动荡，政权不稳，最终分裂亡国。公元105年，蔡伦在前人的基础上改造了纸张的制造技术，使我国的文字记录方式脱离了使用竹简的时代。书法、绘画已不单纯作为文字图形符号使用，它们的艺术地位逐渐显露出来。席地而坐的汉代，床和榻都比较低矮。汉时的一切活动，包括读书、待客、宴饮、议事等，大都在床上进行。所以，汉代的床、榻使用最广，造型也极其丰富。

1. 金玉艺韵

战国时代是我国封建文化的发祥期，"敬鬼神而远之"，思想意识和文化艺术呈现了"百家争鸣"灿烂繁盛的局面。青铜工艺突破过去厚重的神秘气氛，趋向轻巧、适用。

这时出现了体圆三足两耳的新品种"敦"，体现了战国青铜共同的风格特征，

即：①造型曲线圆润规整；②无多余的附件装饰；③器壁很薄，适应了日常使用要求。湖北随县出土的《战国编钟》是前所未见的佳作，这套编钟属于曾国国王曾侯乙，于公元前433年作为随葬品埋入地下，共计64件，全部编钟以大小和音高为序编成8组。钟朝下悬挂在由六位佩剑青铜人的手托着的华丽T形木制横梁上，排成三排，坚固的木制构架支撑近3t的重量逾2000年。战国铜器中知名的作品还有《十五连盏铜灯》、《干将莫邪剑》、《水陆攻战纹鉴》、《采桑宴乐攻战纹壶》（图3-6）等。

图3-6　采桑宴乐攻战纹壶

战国出现了金银错和鎏金的装饰手法，使青铜艺术更辉煌华丽。鎏金的制作方法是将金与银混合熔化后，涂上铜器表面，经温烤后固著，再加以打磨即成，华贵璀璨经久不褪。满城刘胜墓出土的错金博山炉，炉盖为重峦叠嶂，山峦间缀以猎人和奔兽，雕饰华丽，铸工精致，可与之相互印证。与实用目的相适应的造型别致的青铜灯具，是汉代封建贵族钟爱的室内装饰雕塑品。广州象岗山南越王墓出土一批龙形、朱雀形、兽面形铜支灯，在烛光映照下，格外神秘威严。河北满城窦绾墓出土的鎏金《长信宫灯》（图3-7），跪地捧灯的宫女，形貌文静

端庄，设计精巧，具有除烛烟的构造。造型格外精美、构思特别奇巧的是武威雷台的铜奔马，亦称《马踏飞燕》（图3-8），通高34.5cm，作者运用浪漫主义手法，设计一匹飞驰电掣的骏马，三足腾空，一足踩在展翅疾飞的鸟背上，侧视的基本轮廓呈倒三角形，具有强烈的运动感，被誉为汉代青铜雕塑的奇葩，是当代中国旅游的标志。以青铜铸造镜子始于商但兴于战国，到元代玻璃镜普及，铜镜盛行了2000多年。秦汉时

图3-7　长信宫灯

图3-8　马踏飞燕

期，由于漆工艺与陶工艺的发展，很大程度上代替了青铜工艺，因之更加朴素单纯。

西汉玉雕精品，如玉剑具上雕饰的龙虎纹，通过高低起伏的形式处理，产生忽隐忽现、变幻无穷的艺术效果。《透雕双龙凤纹玉环》虚实相生，繁而不乱。陕西咸阳出土的《圆雕玉奔马》，质料晶莹润泽，雕琢精美，包含仙人盗药、天马行空的情节构思，寄寓着西汉贵族祈求长生、幻想升仙的思想。

2. 行云流水

精美的古代漆器是中国对世界手工艺技术的一项重要贡献。漆树原产于东亚地区，树液可从树干中提取，经加热和提纯，再用到基础造型上面。基础造型可由木材、皮革、陶器或金属制成。漆有数层，但每层都非常薄。在古代，甚至剑鞘、盾牌和马车部件均做成漆器，以发挥树漆的保护作用。经过恰当的烘干和撒沙，树脂层使器物表面平滑有光泽，而且耐用。漆器可以防水、防酸、隔热，还可以防止白蚁等昆虫的蛀蚀。树脂本身为暗灰色，无光泽。初用朱红色或炭黑色，至汉代已有蓝、绿、黄、银色和金色，此时的漆器光彩夺目。为增加效果，可在漆器表面进行雕刻，在商朝，漆器表面镶嵌有贝壳和谷类，在东周和汉代则用金银镶嵌。漆器工艺虽简单，但当时制作这样的漆器要花费大量的时间和人力。

每一个漆层都需要精工细作，而且要用数日将其晒干。如需在漆器表面进行雕刻，则需要涂200层。在黏稠的漆器表面绘制复杂的装饰图画，更需要深厚的用笔功力。漆器因其制作工序较多，工期较长，所以价格非常昂贵。在汉代，其价可抵类似青铜器的10倍。漆器价格虽高，但它具有很强的使用性，非常耐用，而且外观精美，所以依然倍受欢迎。

漆绘发挥了自由用笔的特长，形成了生动流畅的风格。著名漆器如《彩绘云纹漆几》、《耳杯》等。汉代漆器是我国古代漆工艺大发展的时期，漆艺中又出现了"金箔贴花"和"堆漆"的装饰方法，漆画中的线有了独立的、动人的表现力，尤其具有"动"的效果，如《流云禽兽纹漆盒》、《漆耳杯盒》等最具代表性（图3-9）。

图3-9　流云禽兽纹漆盒

与甲骨文的发现只相隔几个世纪的时间，用尖笔刻的铭文产生一种相似的多角形，随着东周时用毛笔、墨水在竹简、木简、丝绸上书写的推广，字体呈现出更多的流线型。用于记载的文献史料，最初写在帛书上或竹简上，当时的著作者没有意识到，纸的发明将对后世产生多么重要的影响。公元前184～前87年之间发现的最早的纸张是空白的，大约100年之后，中国人开始在纸上书写。最早发现的纸又粗又厚，相信在最初的一段时间里，纸是用来做衣服的，这种纸几乎可以绝缘。当时的纸张或许还有卫生用途。公元前93年的文献记载，有位宫廷卫士曾建议一位王子，用纸捂住鼻子，也许当时有刺鼻的气味，以防止打喷嚏。公元前12年时的法律文书记载，有一桩谋杀案，用来包裹毒药的就是一个小红纸包。

3. 殉葬之风

中华民族自古认为"万物有灵"，人在"送终"之后，灵魂不灭，将永存于"冥间"，如生前一样生活，亦能自由往来于人世之间，故"事死如生"，崇宗敬祖，时时奉祭，世代相传成为习俗，逐渐形成专供安葬祭祀祷念死者使用的专用建筑类型——陵墓建筑。

陵墓建筑分地上和地下两部分，地下多仿效死者生前居住状况，用以安置和埋葬死者的遗体和遗物，使之如生前。地上主要供后人举行祭祀和安放神主之用，形似祭坛，状如庙堂，以示尊崇或缅怀。中国封建社会等级森严，帝王陵墓称"山"、"陵"、"陵寝"，一般臣民墓只能称"冢"、"丘"、"坟墓"。

（1）始皇遗威

秦始皇统一六国之后，凭借高度集中的人力与物力，大兴土木。始皇的统治既带来荣耀，又留下骂名，一排排的弓箭手、骑兵、步兵和驭车手是秦始皇的精锐部队，陕西临潼出土的《秦始皇兵马俑》（图3-10）是秦百万雄狮的缩影，是一部生动的军阵图谱，也是中国雕塑和制陶艺术史上的瑰宝。19世纪70年代，先后发现3座埋藏大型陶塑兵马俑的从葬坑，出土数千件与真人真马等高的兵马俑，其躯体采用泥条盘筑法塑造，头像则运用模制加手塑的方法制作。这批兵马俑标志着秦代雕塑艺术的卓越成就，再现了秦军奋击百万、战车千乘、勇于公战、怯于私斗的精神风貌，体现了王权的极度威严。其主要艺术特点是：形体高大，崇尚写实，手法严谨；类型众多，

图3-10　秦始皇兵马俑

个性鲜明，形象生动；在总体布局上，利用众多直立静止体的重复，造成排山倒海的磅礴气势，令人产生敬畏而难忘的印象。古希腊雕塑和秦兵马俑几乎是同一个时代的产物，古希腊雕塑以个性见长，秦兵马俑以共性出众，帝国的威严由7000个没有太大独立个性的个体的综合来体现。

秦始皇陵西侧出土的两乘大型铜车马，每乘包括四马、一车、一驭手，车马形体相当于实物的1/2，每乘总重量达1200kg以上，铸造工艺十分精良，形象极为生动。一号带伞盖的铜车，驭手作立姿，其性质当为导车；二号作篷盖的铜车，驭手呈坐姿，其金属辔绳末端刻有"安车"等字铭。据考证，此车系仿照秦始皇巡视全国时的御乘而铸造，旨在纪念他"平一宇内"的不朽功业。

西汉骠骑将军霍去病18岁出征，在祁连山战无不胜，他墓前群雕以气势磅礴著称于世，将圆雕、浮雕、线刻等技法融于一体，使作品兼有写实与写意的风格。立马石刻《马踏匈奴》高168cm，远望如山石，近看神态十足，作者采用寓意手法，以战马将侵扰者踏翻在地的情节，赞颂霍去病反击匈奴侵扰所建树的赫赫战功，是汉代纪念碑雕刻的重要代表性作品。

（2）墓室探秘

汉代厚葬之风兴盛还表现在大量墓室建筑的出现。画像砖、画像石是在墓室建筑的砖或石上，模印或刻画成各种题材的装饰画，艺术形式采用夸张的手法，著名代表作有山东郭氏祠画像石；嘉祥武祠画像石和沂南画像石等。《茅村汉画像石墓》分前、中、后三室，屋顶用条石垒砌成覆斗藻井，画像石集中在前中两室，满布于门楣四壁，计二十幅，雕有出行宴客，珍禽异兽、马戏杂技、亭台楼阁，琳琅满目。《打虎亭画像石墓》墓室是砖石拱券结构，由大青砖铺地，石门上布满云纹，并刻有青龙、白虎、

朱雀等珍禽异兽，画像石刻有收租、宴饮、出行等世俗生活场景。《安丘画像石墓》墓室有三颗雕柱，雕镂精美，一个方柱上雕有44个不同姿态的人物，圆柱上置栌斗，下设柱础，刻群兽和人物。

封建社会君臣贵族厚葬之风兴盛，不同于奴隶社会，俑和大量明器代替了活人殉葬。河北满城中山靖王刘胜墓出土的金缕玉衣由2498片玉和1100克丝编缀而成，玉薄片上四角钻孔。刘胜头下的《鎏金镶玉铜枕》为散香、驱虫，枕中放花椒。四川成都天回山出土说唱俑（图3-11）高66.5cm，追求神似，性格鲜明，形式完美，作者运用准确洗练的艺术手法，将说唱艺人滑稽幽默、自我陶醉的神态，刻画得维妙维肖。战国陶器中以用作冥器的暗纹灰陶和彩绘陶最有特色，暗纹灰陶是压画出隐隐发亮的暗花，彩绘陶是在器物烧成后，于表面涂上一层白粉，再施以朱、墨、彩绘，最富创意的纹样为树纹和复瓣花纹。东汉时已出现了"瓷"器，质地坚致，不吸水，硬度高，

图3-11 说唱俑

叩之有清脆声。

4. 丝绸之路

战国深衣为交领、圆袖、长身下宽、束腰加带、系靴挂佩。《人物御龙帛画》这幅出土于长沙陈家大山的战国楚墓的中国最早的帛画，画面上有一位贵族，也可能是墓主，反映了想象中的升天情景。线条雅致，画中人物高冠长袍，腰间配剑，驾驭飞龙，两侧有神鹤与鲤鱼引导。另一幅《人物龙凤帛画》（图3-12），画风古拙，线条简劲，画中人物神情庄重，此贵族妇女侧面而立，长裙曳地，头挽一垂髻，双手合掌作祝福状。这个模糊的美人腰身修长，体形瘦俏，正应了"楚王好细腰，国中多饿人"以纤细为美的时尚。战国中期，最早的服装改革者赵武灵王推行胡服：短衣、长裤、革靴、衣身紧窄，活动方便，便于征战。

图3-12 人物龙凤帛画

汉代织绣工艺兴盛，被称为"丝国"，张骞出使西域，从西安西行到甘肃敦煌，过新疆，越帕米尔高原经阿富汗、伊朗、伊拉克等国西达地中海东岸（古罗马帝国），这条路被称为"丝绸之路"。2100多年前，汉代贵妇辛夫人和她的陪葬品一直埋在今天长沙郊区一个鞍形土堆下面，这个土堆叫马王堆。马王堆汉墓墓室物品清单中有一件"飞衣"（图3-13），是一面T形丝织彩绘灵旗，面朝下盖在最里面的棺木之上，在精

美的彩绘图案中央画有一个弯着腰的老妇人，这可能是辛夫人的画像。"飞衣"代表了古代人类对宇宙的认识：地狱在下，天堂在上，都在打开大门迎接死者进入神灵的世界。汉代取得了织艺的巨大进步，如掌握了提花技术，《韩仁锦》便是独具代表性的作品，《蓝白印花布》代表了印染技术的兴起。战国丝织图案中，最常见的"菱形纹"，作散点式的四方连续排列。汉代服饰与玉器有很大关系，许多舞女玉佩体现汉衣着装扮，《右夫人组玉佩》是南越王右夫人的随葬品，两个透雕玉环富动感，长袖玉舞人舞姿生动，跳着汉代非常流行的翘首折腰舞。

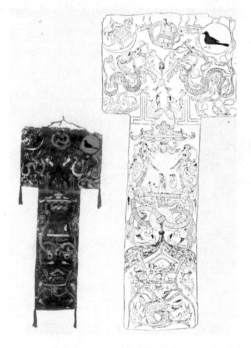

图3-13　马王堆汉墓"飞衣"

5. 秦砖汉瓦

中国古代第一个建筑高潮是秦始皇统一中国后发生的，秦始皇集中了全国的人力、物力和技术成就，在短短的几年间完成了秦都咸阳的修建。秦汉建筑业兴盛，《咸阳宫》、《阿房宫》规模宏大，等级分明，形成中国古代宫殿建筑的雏形。汉代建筑大量运用斗栱，阙也很常见，已具有庑殿、歇山、悬山和攒尖四种屋顶形式。从结构来说，中国古代建筑可分为抬梁式和穿斗式两大类型。抬梁式是在柱上沿房屋进深方向放置大梁，大梁上再叠置几层缩短的梁。穿斗式是沿房屋进深方向立一排柱，两片梁架之间用檩子连系起来。抬梁式常用于北方建筑，也用于南方的较高级建筑；穿斗式多用于南方一般房屋。

"百代皆沿秦制度"，从始皇帝开始，中国十六个大的王朝变更，国家的体制连同建筑的体制、风貌基本上没有脱离秦始皇传下来的基础规范。

（1）墙倒屋不塌

一场地震震倒了钢筋混凝土的新大楼，却没有震倒老房屋，主要是因为中国古建筑采用的是木结构体系。这个体系的特点是用木料做成房屋的构架，先从地面上立起木柱，在柱子上架设横向的梁枋，再在这些梁枋上铺设屋顶，所有房屋顶部的重量都由梁枋传到柱子，经过柱子传到地面，而在柱子之间的墙壁，不论它们用土、用砖、用石或其他材料筑成，都只起到隔断的作用而不承受房屋的重量。当遇到地震，房屋受到突然的、猛烈的冲击时，由于木结构各个构件之间都用榫卯连接，在结构上称为软性连接，富有韧性，不至于发生断裂，于是产生了"墙倒屋不塌"的现象。

与西方古建筑的砖石结构体系相比，中国古代建筑的最大特点就是建筑采用木结构体系。木结构建筑的优点之一是能防御地震。山西应县一座佛宫寺内的释迦塔高达67.3m，除底屋的砖墙与屋面的瓦以外，全部由木材筑成，这是我国境内留存下来最古老和最高的一座木结构佛塔，建于辽清宁两年，距今已有900多年的历史。在这几百年中，木塔经受过多次地震的袭击，但依旧巍然屹立，充分显示了木结构建筑抗震的能力。

木结构建筑优点之二就是从采伐到施工都较便利。砍伐树木比起开山取石，制坯烧砖自然要简便一些，用木材做柱子、梁枋比起用砖、石做立柱，用发券的方法做房顶要便利得多，木门窗、木雕刻更要比砖石雕刻简捷。意大利佛罗伦萨的主教堂，经过11年才完成了教堂的穹顶，接着又花了将近40年在穹顶上加建一座采光亭。而建于同时期的中国明代紫禁城，王宫占地72万㎡，大小房屋共近千幢，只花了13年就全部完工，而这13年中大部分时间花在准备材料上，真正现场施工时间还不到5年。

（2）大一统与大屋顶

在中国古代，礼可以说是统治者用以治国的根本。它不仅制约着社会伦理道德，也制约着人们的生活行为。历代统治者制定了各种具体的规章制度，如唐朝曾规定：帝王的宫殿可用庑殿式屋顶，五品以上官吏住宅正堂只能用歇山式屋顶，六品以下官吏及平民住宅的正堂只能用悬山式屋顶，等等。建筑往往成了传统礼制的一种象征与标志。

中国古代建筑在建筑形态上最显著的特征就是中国建筑所特有的大屋顶。房屋的面积越大。它们的屋顶也越高大。这种屋顶不但体积硕大，而且还是曲面形的，屋顶四面的屋檐也是两头高于中间，整个屋檐形成一条曲线，这也是中国建筑所特有的。在欧洲一些国家的乡村也有许多木结构的农舍，它们的屋顶也很大，但屋顶面和屋檐都是笔直的。

硕大的屋顶，经过曲面、曲线的处理，显得不那么沉重和笨拙，再加上一些装饰，这样的大屋顶甚至成了中国古代建筑富有情趣的一个部分。这样的大屋顶在结构上，可以避免雨水侵袭屋身，又便于采光和排水。

屋顶有5种基本形式，即两面坡两端悬出的悬山顶；两面坡两端不悬出的硬山顶；四面坡的庑殿顶；上截为悬山或硬山，下截为庑殿的歇山顶、攒尖顶。屋顶根据其本身的造型性格，分别用于不同的场合。如庑殿顶格调恢宏，用于高级建筑中轴线上的主要殿堂和门屋；歇山顶性格华丽活泼，一般用于配殿；攒尖顶多用于亭、塔；悬山和硬山顶多用于住宅。

（3）斗栱

中国古建筑屋身的最上部分，在柱子上梁枋与屋顶的构架部分之间，可以看到有一层用零碎小块木料拼合成的构件，它们均匀地分布在梁枋上，支挑着伸出的屋檐，这种构件称为斗栱，它是中国古代木结构建筑上的一种特有的构件。为了挑出屋顶伸出的屋檐，称为"栱"的弓形短木层层挑出使屋檐得以伸出屋身之外，在两层栱之间用方木块相垫，形如斗的小方木与多层栱结合的构件即称为"斗栱"。

斗栱出现得很早，公元前5世纪战国铜器上就有斗栱的形象，从汉代的石阙、崖墓和墓葬中的画像石上可以见到早期斗栱的式样。到唐、宋时期，这种斗栱的形制已经发展得很成熟了，建筑出檐深远，斗栱雄大疏朗，表现了斗栱所具有的结构美。宋代斗栱尺度变小，反映了此时斗栱的结构作用逐渐减弱和装饰作用的加强。明清时期斗栱的结构作用更为退化，装饰作用几乎已成了斗栱的惟一功能，斗栱的形象变复杂，如用45°方向的斜栱互相搭连，形成网状，称为如意斗栱，或将斗栱组合成螺旋形网的样子，用于藻井周围。唐代以前，斗栱很大，出跳深远，通常没有起翘。宋代以后，斗栱出跳渐短，转角处重量特大，起翘随之普及。

山西五台山唐代佛光寺大殿是我国迄今留存下来最早的木建筑之一，大殿屋身上的斗栱很大，一组在柱子上的斗栱，有四层栱木相叠，层层挑出，使大殿的屋檐伸出墙体达4m之远，整座斗栱的高度也达到2m，几乎有柱身高度的一半，显示了斗栱在结构上的重要作用。随着建筑材料与技术的发展，房屋的墙体普遍用砖，房屋的出檐不需要原来那样深远了，斗栱的支挑作用逐渐减少，斗栱本身的尺寸也因而日渐缩小，我们在宋朝以后的建筑上可以明显地看到这种现象，明清时期的建筑、斗栱逐渐成为一种装饰性的构件，均匀地分布在屋檐之下。

斗栱的确是一种很奇特的构件，一块块小木头组合起来居然可以挑托起那么沉重，那样深远的屋檐。这真是我国古代工匠一项了不起的创造。但是如果单从现代结构学来分析，采用这种复杂的斗栱来支托挑出的屋檐，不能不说是一种比较费力而笨拙的办法，实际上只需用一根木棍从柱子上斜出去就可以支撑住屋檐，既简单又省事。所以在许多地方和民间建筑上都舍去斗栱而采用支撑木的办法。其实在宫殿、坛庙建筑上也不是在结构上非用斗栱不可，这时的斗栱主要成了一种装饰。

（4）瓦当

瓦当是瓦的一种，在瓦的端头，俗称"瓦头"，处在房檐的部位，成为装饰的重点，同时还具有避邪、防雨的作用，战国半瓦当和汉代圆瓦当具有很高的艺术价值，是古代圆形适合图案的杰出代表，其纹样有卷云纹、文字、动物纹三类。汉代瓦当上的图形符号，形象简洁概括却又不失活力，其中最突出的作品是《四神瓦当》（图3-14），据说能避邪，东青龙、西白虎、南朱雀、北玄武，在直径三四寸的圆形中，身体卷曲，自然腾跃，是适合纹样的佳作。传统造型艺术在意境上追求"大音稀声、大象无形、大巧若拙"的境界，注重事物质的表现，往往是意到为止，决不拖沓，恰到好处。

图3-14 四神瓦当

（5）辉煌奇迹

中国古代建筑发展得十分缓慢，如同中国封建社会是一个超稳定的系统一样。中国自从进入封建社会以后，王朝更迭没有影响整个社会结构，建筑的形式和内容也随之一代一代沿袭下来。如中国建筑大屋顶、木梁架、斗栱飞檐、中轴线封闭式的构造，一代传一代，唐代建筑宋代重修，宋代建筑明代落架翻修，明代建筑清代再重修。一种式样，一个模式，同样的施工方法，可以一代一代修下去，任何时代都没有发生过追求强烈个性的建筑高潮。

中国建筑是世界上最节省的建筑，也是最经济的建筑。木结构建筑在节约材料，劳动力和施工时间方面，比石结构建筑不知要优越多少倍。1860年，英法联军火烧圆明园，园中数十个景点被烧毁，只剩下西洋楼景区的宫殿没被烧掉，经过一个世纪的沧桑，只有西洋楼建筑的石柱、石墙仍然立于园中。无数的亭、台、楼阁毁于火海，而石墙、石柱却留存至今，说明木结构建筑最大的缺点就是怕火。木结构建筑除了怕火外，还怕潮湿与虫害，雨水如果经层顶漏下来至梁架，日久天长，会使木料腐蚀。两千多年的封建社会，一代又一代王朝的更替，一座又一座的皇宫建造，木材资源日渐匮乏，自然生态遭到极大破坏。

无论木结构建筑有多少优点与缺点，它毕竟是中国古代建筑选择的结构体系，创造出辉煌的建筑奇迹。

第二节 传奇的城邦

希腊半岛最早的迈锡尼文化的遗址和遗迹包括城市、王宫和各种不同的墓室，巨石垒成的城门上的狮子石像至今仍在。迈锡尼文化与克里特文化一起构成古代希腊、也是欧洲最早的青铜文化，史称"爱琴文明"。盲诗人荷马编撰的《荷马史诗》描写的是远征特洛伊的"英雄"们的故事，故称"英雄时代"，是希腊由原始社会向奴隶社会过渡的时期。希腊各地先后建立了200多个城邦，其中雅典和斯巴达最为重要，各城邦原则上独立自主。希腊的城邦是注重公众活动的社会，人们都在露天的广场上进行政治和宗教的集会以及商业、体育、娱乐等活动。希腊气温既不太热也不太冷，适宜户外活动，希腊人身着短上衣和披风，活跃、热情而又傲慢。他们多才多艺，才思敏捷，喜欢体育，是最早懂得欣赏人体美的民族。古希腊创造出优美、典雅、和谐的古典美标准，奠定了欧洲美学和艺术法则上的坚实基础。

一、人神同一

富于想象力的希腊神话是古希腊艺术的精神资源。古希腊的历史确实有着传奇般的色彩，尤其当19世纪末德国学者谢里曼发现特洛伊和英国考古学家伊文思发掘克里特岛之后，希腊的远古传说终于变为具有一定历史真实性的现实。

希腊神话是以一种"神人同形同性论"观点塑造出的神话世界，希腊人对神的信仰不过是对现实的肯定而已，因此，他们人生观是积极和乐观的，他们执著的信念就是"人是万物之首"。希腊神话有一定的历史真实性，如传说中的米诺斯迷宫真的存在，它是克里特岛的政治、经济和文化中心，始建于公元前1900年，总建筑面积达2.2万 m²，有1500间厅堂居室，高低错落，左右穿插，前后迂回，确象一座迷宫。

雅典多山，蕴藏有丰富的银矿、大理石和陶土，著名的雅典卫城在雅典的中心，它建在一座石灰岩的小山上，建筑群布局没有轴线，不求对称。雅典娜是雅典的保护神，雅典人为她修建了最壮观的贞女神庙——帕提农神庙（图3-15），由当时最伟大建筑雕刻家菲底亚斯设计建造，是雅典卫城中最豪华的建筑，用白色大理石砌成。经过峭壁，登上陡坡，仰视便是朴素的山门，进了山门，迎面见一尊11m高的雅典娜像，铜铸而镀金，手执长矛。它以垂直的形体与延边横向展开的建筑群对比，成了视觉中心。帕提农是一个长方形的庙宇，形体单纯，四周有一圈柱子形成围廊。台基、墙垣、柱子、檐部、山花、屋

图3-15 帕提农神庙

瓦，全是用质地最好的纯白大理石做的。山花和檐部安装着大量的雕刻，并且着十分浓艳的红、蓝、金三种色彩。为建造卫城，雅典独吞了用以建设海军舰队的盟邦的岁款，在伯罗奔尼撒战争中败于斯巴达，雅典的辉煌也只留在历史的记忆中了。

帕加马最壮观的建筑是规模宏大的宙斯祭坛，祭坛的装饰壁带是希腊化时期建筑雕刻方面最辉煌的成就。祭坛壁带浮雕的宏伟气势和艺术水平堪与帕提农神庙的壁带相媲美，所不同者帕提农壁带好比是庄严壮丽的颂歌，而帕加马浮雕则是具有强烈悲剧色彩的激动人心的战斗诗篇。

希腊公共建筑除神殿之外，露天剧场也占有重要地位。这种剧场通常建于环形山坡之间，舞台是在中间的底部，半圆形散开的座席顺着山坡斜向上边。剧场的布局是经过精心设计的，使得观众在视觉和音响上都达到尽可能完美的效果。著名的遗迹有埃皮达鲁斯圆形剧场和奥林匹亚竞技场等。

二、人体与柱式

古希腊留给世界最具体而直接的建筑遗产是柱式。柱式是欧洲主流建筑艺术造型的基本元素，它控制着大小建筑的形式和风格。世上还没有另外一种如此简单而又完整的元素，能以如此直截了当的方式几乎无所不包地决定着建筑的面貌。柱式流行到全世界，而且历经两千多年一直延续到现在，这恐怕是建筑艺术史上独一无二的现象。

古希腊的建筑都是单层的，而且很简洁，柱子、基座和檐部的艺术水平就是整个建筑的艺术水平，它的风格就是整个建筑的风格。希腊人故意推敲形式和权衡比例，用柱式浓缩了建筑艺术。经过长期冶铸，它们已经到了丝丝入扣，几乎容不得一点增减更改的地步。艺术形式的完美和规范化，

有它的消极面，那便是对后人的束缚，创作实践中很难突破。但也有它积极的一面，便是即使平庸的建筑师也能依样画葫芦，设计出很不错的房子来，保持建筑环境高水平的统一，不致丑怪杂陈。

帕提农神庙代表了古希腊多立克柱式建筑的最高成就。多立克柱式包括柱头在内的高度为底面直径的 5.42 倍，很匀称而仍然不失雄健的气质。柱身上有二十来个凹槽直通上下，槽与槽之间相交成很锋利的线，它们造成的光影变化使柱子更显得峻峭有力。柱身上细下粗，外廓呈很精致的弧形，既避免了柱身圆面的单调，又加强了它的稳定感。这种轻微的外张，使柱子象有弹性的饱满的肢体。

古希腊创造的另两种柱式是爱奥尼柱式和科林斯柱式，以胜利神庙和伊瑞克提翁庙为代表，这三种柱式反映平民主义世界观。爱奥尼柱式柱身比多立克式的纤细多了，柱身上 24 个左右的垂直线条密而且柔和，显得轻灵。最突出的是柱头，柱头左右各有一个秀逸纤巧的涡卷，涡卷下的颈部箍一道雕饰精致的线脚，典型的雕饰题材是盾和箭或者草叶。科林斯柱式（图3—16）模仿少女的纤秀身姿，因为少女的年龄幼弱，肢体更加苗条，这种全新的柱式，柱头用一棵完整的、苗壮的忍冬草的形象。

多立克柱式粗壮雄强代表男人体，爱奥尼柱式修长纤巧，代表女人体，而科林斯柱式以忍冬草柱头装饰为特色，三种柱式强烈体现希腊人核心观念中个人价值不可动摇的信念。

在柱式的性格刻画里，显示出古希腊文化中人文主义的光辉。至少在自由人中间，希腊主流文化的精神是以人为本，尊重人，赞美人，发挥人的体能和智能。主持雅典卫城的大雕刻家费地说过："再没有比人体更完美的东西了，因此我们把人的形体

图3-16 科林斯柱式

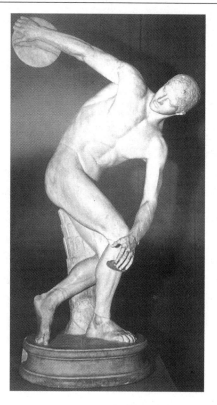

图3-17 掷铁饼者

赋予我们的神灵。"希腊人同时也把人的形体赋予了柱式的柱子。正是这样的人形赋予,柱式才具有了永恒的魅力。

三、无与伦比

雕刻是希腊美术中最重要的部分,它集中地体现了希腊人对美的理想、非凡的艺术才华和对人体的精深研究。从最早的呆板雕像到精美绝伦的杰作,古希腊雕塑体现了艺术家对人体美的探索,《掷铁饼者》(图3-17)、《米洛的维纳斯》、《拉奥孔》足以展现古希腊对人体无与伦比的表现力。许多最优秀的雕刻作品因气势宏伟、形象完美和风格洗练而举世瞩目。千百年来无数雕刻家、画家、工艺家都曾受到它的启示和影响,它所独具的内在生命力和艺术魅力,至今仍放射着灿烂的光辉。

早期的人像雕刻大都是直立的形象,作者已能巧妙地处理人体的重心,在形象姿态上有较为生动的活力。但总的来说,都未打破僵直的形态,造型手法也较生硬。之后,雕刻的艺术技巧有了明显的进步,在人体和动态的表现上都更为自由而富有生气。如萨摩斯岛的《赫拉》流畅的波状衣纹已能很好地表现出婀娜的女性体态,下垂的左手也较为松弛自然。年代稍晚的一件称为兰宾的雕像是一座青年男子的骑马像,面庞和细密的发卷十分精致,清秀的脸上露出一种特有的微笑,称为"古风式笑容"。《受伤的战士》体形比例和肌肉的刻画准确而简练,扭曲的躯体、双臂和腿的动态都能充分地表现伤重倒下的痛苦状态。

具有强健的体魄、昂扬的精神和典雅优美的造型,是古典时期雕刻的共同特色,《卢多维奇宝座》正面浮雕是美神阿佛洛狄忒从海中诞生,左右两个山泽女神正将她轻轻扶起,整个浮雕构成丰富而和谐的线条韵律。宝座两边的浮雕左侧是一个身上披着斗篷的妇女正在焚香献祭，右侧是一个坐着吹牧笛的裸体少女。这座浮雕显然已摆脱了古风时期那种生硬呆板的公式，而充满轻松生动的情趣，吹来了清新和悦的气息。雕刻家米隆最著名的《掷铁饼者》，把激烈的动作与高度饱满和谐的精神状态完美地结合在一起，确为表现人体运动的典范之作。希腊古典时期雕刻的黄金时代最明亮的巨星当推菲迪亚斯，他毕生最重要的成就是帕提农神庙的雕刻，其中最有名的是东面山墙上的一组雕刻，表现的是雅典娜诞生的故事。神话中的雅典娜是从众神之首宙斯头脑中生出的。最左端是太阳神阿波罗，驾着双马车从海中奔驰而出。右边靠近中心的是被称为命运三女神的一组坐像，最右端是夜之女神塞勒涅驾车没入海中，象征事件的终结。这组雕刻均稍大于真人，现存较完整的一个形象是狄俄尼索斯，除手足已残外头部和身躯基本完好，他似乎正从睡梦中醒来，强健的躯体蕴藏着无穷的精力。命运三女神顺着山墙的斜线自然地倚靠在一起，丰满圆润的肉体透过富有节奏感的衣纹显露出来，具有人体美的无限魅力。尽管菲迪亚斯所作的雅典娜神像已不存在，但整个神庙的雕刻无疑就是菲迪亚斯艺术的最辉煌的结晶，它表现了古代希腊人全盛时期时的昂扬焕发的精神，体现了他们对美的理想。

希腊雕刻经过古典时期的发展高峰，到希腊化时期更具有世俗化的倾向。尼凯女神像只有躯体、双翅尚完整，女神的身体丰腴矫健，绽露出旺盛的生命力；被海风劲吹而紧贴身体的衣裙旋卷自如，飞动的波纹使人如闻飒飒风声，整个雕像具有昂扬焕发的气势。另一件举世闻名的女神雕像是米洛斯的阿佛洛狄忒。雕像的上半身为裸体，下半身围着宽松的包裙，女神左腿微提起，重心落在右腿上，头部和上身略右侧，而面部则转向左前方，全身形成自然的S形曲线。颀长的身材、端庄秀丽的仪容、饱满结实的体形构成一个优美、高雅、成熟的女性形象，被视为表现美神的典范之作。可惜她失去的双臂已无法复原，令人在赞赏中不免引以为憾。拉奥孔群像在写实技巧方面固然达到相当的水平，但它只是从表面强调了肉体的痛苦，却缺少崇高庄严的精神力量和丰富的内涵。

希腊金属工艺中尤以青铜最为出色。公元前8世纪前后的《青铜马》造型古拙，形式单纯，表现有力，具有较浓厚的原始意味，增加了装饰性和观赏性。《青铜鼎》是竞技优胜者的奖品，还具有驱恶护善的意味。希腊青铜器与中国古代青铜器风格上相去甚远，希腊艺术是建立在奴隶制民主制度和富于想像力的神话基础上，而中国古代青铜器是在残暴的君主制度下创造的，一种是优美典雅，自由开阔，而另一种却有一种沉重和压抑的感觉。

四、黑绘红绘

为了弥补希腊本土可耕土地的有限和粮食的匮乏，作为出口远销商品的陶器在古希腊十分兴盛。骨灰罐《四马盖罐》，扁平的形状既别致又工整，盖上4匹立体的马并列在一起，装饰的意趣充满了运动的感觉。《双耳大瓮》饰满细腻的几何纹样，惟肩部装饰了一长条葬礼图，庄重大方。

在希腊陶艺繁盛期的公元前6世纪，出现了黑绘陶器，即在赤褐或黄褐色的陶壁上，用黑色作剪影式的描绘，而物体的内部结构则以刻线手法表现。由于黑色料既耐寒，又耐热，不变色，不少黑绘陶器至今还保持着新鲜和明亮的效果。传世名作的双耳瓶《阿喀琉斯和埃亚斯玩骰子》描绘的是两个特洛伊战争中的英雄在出征途中遇到风暴便玩骰子游戏消遣，充满着生活气息。

意大利一座古墓中发现的弗朗索瓦陶罐高66cm，虽然人物造型还较古拙，但具有节奏优美的装饰效果，并与整个器形取得很好的协调，标志了陶瓶艺术成熟期的到来。另有一件造型极为奇特的《乳形陶杯》是一件乳房式的无脚杯，若不一饮而尽便无法放置，两个把手的设计尤其令人叫绝。红绘式陶器的出现在古希腊的黄金时代公元前5世纪，所谓红绘式就是在赤褐或黄褐色的陶壁上用黑色或深褐色作勾勒和装饰，然后再在形象以外的部分涂上黑色色料。其效果较之黑绘式的刻线显得更为灵活自如、丰富多彩。如双耳瓶《醉舞的男子》相当生动，《醉酒少年与少女》、《特洛伊战争图》均是酒碗中的装饰，在无声的图画中，通过富有特征的动作刻画，表现出人物之间的感情交流。在《春燕图》陶瓶画有3个不同年龄的男子抬头看着一只报春的飞燕，画面充满春天来临时清新喜悦的气氛。在红绘陶盛行的同时出现一种新的画法，即在浅色陶土地上用线条和色彩作画，称为白地彩绘陶。其笔法大都较为简略如写意画，有一种轻盈淡雅的意趣，多画于随葬用的小口瓶。

第三节 帝国时代

罗马古城据说是希腊十年战争时一位特洛伊亡命英雄的后代，两个孪生兄弟于公元前753年创建的，前30年征服埃及之后，整个希腊全为罗马所有。这时，罗马拥有整个地中海周围地区，形成巩固的大帝国，在当时整个世界上，罗马与中国的大汉帝国遥遥对峙。古罗马在延袭希腊艺术的基础上，发展独有的风格，洋溢着浓郁的人文主义色彩，充满享乐主义气质，具备显著的世俗特征，既表现了强烈奔放，豪华奢丽的风貌，又体现出和谐典雅的美感。

一、气势恢宏

在土木工程、城市规划和建筑方面，古罗马人取得了最伟大的艺术成就，影响了其后几个世纪的西方建筑。其中拱券和混凝土技术是罗马建筑最大的特色，它们使罗马无比宏伟壮丽的建筑有了实现的可能，同时，由于拱券与混凝土的结合而舍弃了柱子，从而为空间设计展开了一个新世界。

古罗马人是伟大的建设者，他们汲取了古希腊人的建筑经验，大大加以发展。另外又设计了一种更华丽的柱式，即把爱奥尼式柱头上的涡卷叠加到科林斯柱头的忍冬草上去，叫做复合柱式。还有一种最简单的接近多立克式但柱身没有凹槽的塔斯干柱式。于是，古罗马一共有了五种柱式，并且为他们制定了远比希腊柱式详尽得多的定型规定和相应的量化规定。

古罗马多凯旋门、纪念柱，其中《图拉真纪念柱》是纪念战功的建筑物，布满精美的写实性浮雕。古罗马的雕塑厚重写实，如《奥古斯都像》与《卡拉卡拉像》渗透着威严的气势。

（1）万神庙

《万神庙》（图3-18）的穹顶直径达43.3m，是现代结构出现以前西方世界跨度最大的空间建筑，它坐南朝北，圆形正殿上覆穹隆，穹隆底部厚度与墙同，向上则渐薄，到穹顶中央处开设有一个直径8m的圆洞，如同太阳一般，供采光。混凝土浇筑的结构为减轻自重，厚墙上开有壁龛，穹顶上作格网状天花。

（2）大斗兽场

罗马大斗兽场位于罗马市中心，历经千年肆意破坏，仍雄姿不减。它总高48m，为椭圆形，有表演区、观众席、服务性地下室，场内有80个出入口，可容纳5～8万名观众。共分为4层，下3层有连续券拱柱廊，由下而上依次为塔司干、爱奥尼克与科林

图3-18 万神庙

图3-19 庞贝古城

斯柱式，第4层为实墙，外饰科林斯柱式，整体建筑开朗明快和富有节奏感。

（3）卡拉卡拉浴场

希腊艺术是典雅的、理想主义的，而罗马人是强悍而务实的，罗马城中有11个大型公共浴场，小的竟达800个之多，每一个都是多用途的建筑综合体，尤以卡拉卡拉浴场最为富丽堂皇。它综合有社交、文娱和健身活动，中央是可供1600人同时沐浴的主体建筑，最外一圈有商店、运动场、演讲厅及蓄水槽。浴场分为露天的冷水浴，有十字拱和侧窗的温水浴，有热气管道和穹隆顶的热水浴。

（4）庞贝古都

要把一座城市完整而生动的保存下来，让人们看到真实的生活场面，除了用一层厚灰把它盖起，再也想不出更为高明的办法，公元79年悲剧发生了，庞贝城（图3-19）被维苏威火山灰埋葬，这座远离罗马的海滨城市，竟有一个可容纳15000人的角斗场，可想见当时的繁荣和昌盛。挖掘了1600多处公元1世纪的墙头商业广告。

二、人间情调

古罗马艺术洋溢着浓郁的人文气息。如古典样式的《骸骨铭文银杯》把祈愿平安与欢乐生活，并以美食取乐的罗马人的心情表现得非常充分。

继古埃及玻璃工艺之后，罗马时代的玻璃制品与银器工艺犹如两盏明灯，大放异彩。玻璃比银器廉价，比铜器轻，又比陶器透明而亮丽，且无怪味，可自由做出各种形态来。《万花玻璃碗》是用热熔的方法形成四方连续纹样，最终产生绮丽辉煌的梦幻效果。日用品常采用充气法，再将卷曲状的玻璃像浮雕那样贴于器物的表面，呈现出另一种新鲜的感受。《陶塑赫尔麦斯头像》是阿波罗神殿群像的一部分，洋溢着欢乐的人间情调。古罗马人非常喜欢用玉石制作各种护身符，如玛瑙雕制品《奥古斯都玉佩》便是著名的代表作，在20cm见方的玛瑙上，用写实的手法刻画了众多的人物。《玛瑙瓶》造型秀美，雕刻精致，色彩柔和。《骸骨铭文银杯》上刻着"请看这些哀伤的骸骨吧，在有生之年畅饮取乐"，表达出以美食取乐，祈愿平安与欢乐的生活的感情。

第四节 艺术的花园

波斯是古代伊朗的名称，经过几个世纪的兼并战争，至大流士统治时期，波斯形成领土空前广阔，地跨欧亚非三大洲的奴隶制大帝国。公元前5世纪的希波战争中，波斯战败，元气大伤，公元651年，波斯被阿拉伯人灭亡。优越的地理位置使波斯比起两河流域和埃及的恪守陈规更加显示出活力，波斯融合了东西方艺术的精华，洋溢着浓郁的装饰情趣，蕴涵着一种平衡、安全、恒久的气韵。

一、形神兼备

波斯艺术皆以造型为本，精益求精，装饰上注重平面化的装饰变形，以符合形的需求，可谓形神兼备。《山羊纹彩绘陶杯》（图3—20）造型简洁，亭亭玉立，这个有

图3—20 山羊纹彩绘陶杯

6000年历史的花瓶几乎有一英尺高，它以其风格优美奇特的动物装饰而闻名，被认为是史前伊朗陶器中的杰作，陶杯中心绘有变形的大卷角羊，杯口上有几条拉长的奔跑的猎狗和高而细长的水鸟，表现出抽象审美能力。《彩绘注水壶》把动物形与壶嘴、把手融合为一，功能与形式结合巧妙。公元前3000年的《人物纹银杯》呈上小下大的筒状，杯壁两侧分别装饰着立坐姿女性人物形象，体现了古典美的特质。《狮纹金杯》用浮雕和立雕相结合的手法装饰出呼之欲出的生动形态，在实用上也相得益彰。

波斯宫廷生活的豪华通过各种金银制的高脚杯可略见一斑。波斯人贮存了许多黄金，他们甚至把这种贵重金属带到战场上，朝臣们聚集在战场上继续过着豪华的生活。《翼狮形黄金角杯》不仅为实用容器也是权势的象征物，银制角杯是波斯普遍使用的角状饮具，强调了阿契美尼德君主们不拘一格的趣味。构成其底部的怪兽既是哺乳动物又是鸟，其鹰头和翅膀、山羊角和狮腿都用黄金加以强调。

不足19cm长的《黄金马车》与同时代的战国《青铜马车》似有异曲同工之妙。这件19世纪末在阿富汗发现的奥克苏斯宝物用纯金制成，一位波斯贵族斜坐在一辆驷马战车上，车夫则为站姿，战车上饰有凸起的埃及喜神贝斯像。轮子上有球状突起，可能是轮匠为防止战车打滑和滑行而采取的预防措施。饰有精美翅膀的、30cm高的弯角野山羊用作饮具之柄，这个金银制成的动物像融合了数种特殊风格，而底部的面具则兼有两位神祇的相貌。一个镀银的花瓶状水罐上一位妇女的形象呈波状起伏，她拿着一朵花，在给一头小狮子喂水。水罐的另一面装饰图案是三位相似的舞蹈者。这种四人表演组是萨珊晚期最普遍的基本

图案之一。

二、帝国主人

大流士堪称波斯帝国的主人，他下令在波斯波利斯雕刻了一系列气势雄伟的石浮雕，它们沿着大殿的阶梯向前延展。这些浮雕描绘了大流士帝国境内的不同民族，每个群体通过其本地服装可辨认出来：进贡者牵着家乡的野兽，携带各种贡物。雕刻者通过人物以紧密步伐登阶而上传达出步态庄重的感觉，有些官员把一只手放在嘴前表示敬意。

三、织物精萃

从古波斯织锦残片上可见"联珠纹"运用的悠久历史，联珠饰带内的动物皆有翅膀，表现出威武的身姿和凌历的气势。易损的布料过去保存下来的很少，这并不奇怪，但历史很厚待萨珊王朝，100多块布料碎片的纺织品保存到现在，其产品通过贸易被运到联系欧亚的丝绸之路上的各地。原织品上有曾影响中世纪艺术的艳丽、复杂的图案。中国原始彩陶纹饰中即有联珠纹的出现，唐代联珠纹的兴盛是和波斯风格的一种巧合。波斯地毯以其优质的材料、精致的做工和变化多端的纺织技巧而享誉全球，它表现了生命的强大和生命的美，给人们带来温馨和谐。

第四章　瞻望世界

历史的长河永不停歇，人类的艺术在世界各地开花结果，呈现出奇异的亮点。

第一节　原始与现代

非洲的全称为"阿非利加"，是拉丁语"阳光灼热"的意思。古老的非洲于公元前9000年进入新石器时代，由于自然环境的影响和历史发展进程的制约，古代非洲艺术保持了一定的原始特征，但在造型、装饰和色彩等形式因素上，表现出浓郁的现代气息。

一、非洲木雕

非洲木材丰富、品种繁多、纹理坚硬、木质细腻，给具有独特艺术风格和强大生命力的木雕艺术提供了极好的物质条件。

非洲木雕造型简洁、夸张，洋溢着生命的活力。一种叫"塞古"的木雕，圆柱形的身躯细长，半圆形的乳房，两臂自然下垂，呈爪状的手部宽大，有突出的蛙嘴，发式也很别致。凳子在南部非洲是地位和权力的标志，其实用性并不重要，"特勒姆"木雕是一种举着胳臂的人像，多与凳子合而为一，为跪像或坐像，动态生动优美，极富表情，有的具有男女两性的特征。《木制凳子》巧妙地用一段整圆木雕凿而成，中间的跪妇双手托盘，达到了上下呼应的效果。《木制颈枕》相对而坐两女子的交叉的手臂和弓起的脚部形成相互对立的三角形空间，打破了竖直躯干与上下两截面构成的矩形空间呆板的束缚。还有一种称为"非洲比例"的木雕风格，即头成圆球状、圆柱或卵形，眼睛呈三角形，瞳孔深陷，眉弯，嘴唇厚，嘴张开，鼻梁长，鼻宽，鼻孔大，耳朵大，头与身比例为3：4。

较近代的多贡人雕像，构图趋于几何形体，具有庄严宁静之感。雕线多呈直角形，头部往往形成一个半圆形，两目和嘴呈三角形或方形，鼻直如箭，有的把两个人像并排安放在一个台座上。巴加人木雕形式简单，头大，发式新颖，头部前倾，由两只无手胳臂支撑着，身躯庞大而呈桶状，两腿短小粗壮。鲍勒人雕像姿态肃穆雅静，多为立像或坐像，双手放在胸前或抚摸胡须，双腿粗壮丰满，两膝微向内转，身躯修长而圆润，并雕有明显的装饰性文身，表面磨光发亮，涂油抹黑。

女人形象最常见的作品是地神像，而男人形象则以部落英雄为主要对象，每个酋长都有威严的雕像。一种称作"乞妇"的女人像更富于表情，孕妇在临产前经常把这种雕像放在自己的房门前，过路的人把礼物放在那里，产妇在产期可以不致于因为不劳动而生活困难。

然而早于木雕而极负声誉的是公元前500至前200年间的赤陶小雕像，多为大头小身，人像表情丰富，形式单纯，有强烈的抽象因素。

二、非洲面具

古代非洲人相信祖先像和面具能给人带来幸运，保护部族及预卜未来，因此有意将它们保存下来，带有强烈的原始宗教性。非洲人经常带着面具跳舞或在收获季节和葬礼时佩戴，这些面具是宗教仪式的必需品。如肩荷面具，体积庞大，重60多kg，下半部分有4个支承物，以便放在佩戴者的肩膀上，这种面具的光滑面与雕出的线条、鱼脊骨花纹及其他图案形成鲜明的对比，还有一些铜钉作为装饰，形成平衡和谐的感觉。鲍勒人的面具也很优美动人，面部表情安静古雅，胸部极为精巧，清楚的睫毛；分明的眼眶，光滑额头上的装饰性刺花，波纹起伏的头发，脸庞的曲线轮廓，都证实鲍勒人艺术的高度技巧。《羚羊面具》是顶饰，概括而抽象，轮廓线优美，《多层面具》带有一个镂空雕刻的顶饰，高达5m。

三、宫廷气息

在中部非洲，铜银珍贵，《奥涅铜像》带有祭祀与宗教含义，这尊铜像手法写实，胸部有象征宫廷的弓形装饰，五官刻画细致入微，同时还加以竖纹的刻线。《母后青铜头像》安祥中不乏威严之感，是为纪念已故年轻母亲而制作的纪念头像。紧闭的双唇向前突出，高高的发束满饰网纹，刺花和饰满串饰的王冠塑造精致，面部线条协调，在小孔上还可安插举行仪式的串珠饰物，这些垂过双耳的串珠刻意炫耀母后的豪华气魄和权贵身份。13世纪的《伊费国王青铜头像》线条优美协调，轮廓生动清晰。贝宁的象牙工艺很发达，《象牙豹》用五颗象牙制成，豹双眸凝神，气势不凡，獠牙交错，两耳耸立，挺拔有力的豹尾，生动地刻画出豹子凶狠、威严、雄健、灵活的天性，豹身均匀整齐地镶嵌着圆形铜片，形成迷人的豹斑花纹，浑厚饱满的身躯蕴含着一种内在的力度美。

第二节　神秘的新大陆

16世纪初，当哥伦布从巴哈马回来的时候，一点也没有意识到自己已闯入了一个世人罕知的新大陆。这个1532年被西班牙征服的新大陆是印第安人的家园，对人类文明作出了重大的贡献，尤以玛雅人、阿兹特克人、印加人创造的文化水平最高，史称三大文明中心。

一、古城遗韵

古代美洲广袤大地上分布着许多大型的建筑，有祭祀性建筑、纪念性建筑，还有民居建筑和宫殿等，有的宏伟壮观，有的奇异诡秘，形成一幅幅风格迥异的风景图画。

1．马丘比丘

"消失了的印加城"马丘比丘建于现在秘鲁的一座高高的山梁上，就象山的一部分。印加人在秘鲁海拔7650m高的乌鲁班巴河畔修筑了建于1450年的马丘比丘城堡，又称"老峰顶"。建在两座高峰相连的鞍部，山脊的两边是深约500m的山谷，居高临下，形势险峻，俯瞰深谷。城堡周围是用大花岗石建成的墙垣环绕，进出的孔道只有一座，有"一夫当关，万夫莫开"的地利之威。马丘比丘整个城市布局设计非常缜密，城内宫殿，庙宇鳞次栉比；作坊、居民点星罗棋布；房屋之间石头阶梯层层叠叠，纵横交通。很多用排水沟连接起来的小台基由上往下排列，上面有用砖石砌成的低矮的半圆形塔，显得十分坚固，似乎是从石头里长出来成为山的一部分。还有3个人工造的圆形洼地，宽约100多m，中间有石面台基，可能是祭祀太阳神的地方。马丘比丘有千仞峭壁为天然屏障，又设有防御工事，既是城市又是要塞与圣地。这座以砖石筑成的城市高耸入云，蔚为壮观。这个城堡被崇山峻岭所掩护，西班牙人一直未发现，直到1911年美国学者在几个印第安人指引下才揭开其神秘的面纱。

2．金字塔神庙

消失了400年的玛雅文明被视为印第安文化的摇篮，玛雅艺术最突出的成就是建筑。奇琴伊察的太阳金字塔（图4-1）久

图4-1 太阳金字塔

负盛名，是观测天象的奇妙建筑，有9层台基，高达20m，四面有91级台阶，加上通到塔顶神庙的一阶，总和与玛雅人的天数相等，塔上建有观测台，正面底部有两个带羽毛的蛇头石刻，张嘴吐舌，栩栩如生。建于公元300～900年间的《蒂卡尔寺庙》神秘而凄美，高出丛林40m，阶梯斜度达70多度，足以称为"丛林大教堂"。金字塔由基座、阶梯、神庙构成，各层轮廓线清晰，正面笔直的阶梯直达顶部，塔顶有庙宇，内部有狭小而黑暗的小殿堂，不能容纳为数众多的信徒，只准许君主和祭司进入。

乌斯马尔建筑的排列有令人吃惊的现代感，长长的平石板构成建筑物的平台，宽阔的阶梯通向大建筑物，方形门沿墙面形成有韵律感的排列，墙上部突出的中楣上用砖石镶嵌成几何纹或几何化的美洲虎面具。

在古代秘鲁的一个小村子里发现有10多km²的古代废墟和大量的遗物。在南部高原不时可以见到一个个巨石门，其中最大的一个叫"太阳门"，用一块重达百吨的巨石雕成，上雕有一形象逼真而又抽象的狮子头，至今屹立在原地。

二、追求完美

1. 建筑装饰

尤卡坦半岛南部的神庙立面有时处理成一个巨大的雨神肖像，带犬牙的嘴作为神庙的门，两边有高度抽象化的眼睛和耳朵，类似中国商代青铜器上的兽面纹。建筑的重点都放在立面装饰上，建筑成为纯象征意义的。

玛雅人的石碑用整块的巨石雕成，正面往往刻上一个君主或贵族的形象，穿着华丽的服装、戴着庞大的头饰，侧面和后面往往刻满了象形文字，记载历史事件和时间。近似圆雕的高浮雕非常普遍，如球场象形文字石阶上面的高浮雕人物几乎已经脱壁而出。

玛雅墓室中的石板浮雕虽然刻得较浅，却具有很强的体积感，人物形象通常都是正侧面，刻画极为写实，面部和手的细节表现得很优雅。如碑文寺地下墓室的石棺盖板浮雕，表现的是坐在地魔头上的一个神像，他身上还长出生命之树。

用作建筑装饰的石灰泥雕涂以彩色，接近高浮雕，人物面部近于圆雕，凸出的鼻子、张开的嘴、突出的牙齿，都与圆雕的处理手法相同。

秘鲁最古老的建筑雕刻都有着装饰性和人兽合一的特点，这些建筑内部有房间和走廊，外面墙上标着一排排人和猫科动物的头像，建筑的门楣上刻着一排站着的鸟儿，柱子上刻着浮雕人像、鸟头、鸟翅和鸟爪。其中著名的有一块刻有美洲虎形象的石板和一块刻着一个长着猫脸由蛇形组成头发的人像。

2. 奇异绘画

玛雅完整的壁画仅有西部的博南帕克。这个小城完整地保留着3间房的壁画，其内容包括仪式、战争、凯旋及杀祭的场面。这些壁画表现出一种神韵和技巧，庞大的场面多样而统一，人物的表现如胜利者的骄傲、失败者的绝望、贵族的威仪和武士的勇敢等都刻画得异常生动。色彩千变万化，明亮的橙色、黄、褐以及发光的红、绿、深蓝交织在一起，加上平涂的方法，使这一壁画对于现代人具有很大的魅力。

在纳斯卡谷地巨大的荒原上,有规模巨大的地面轮廓线,从天空中俯视可以看见巨大的三角形、螺旋形、之字形,偶尔也出现鸟与鱼形。这些线由黑褐色的卵石排列在黄色沙地上,异常醒目,这些巨画大约制作于公元500年。

三、工艺精华

古代美洲小型艺术品自然而平凡,与悲壮而奇诡的建筑形成鲜明的对比。

1. 玉石面具

玛雅面具多用于丧葬,玛雅人有给死人戴上玉石面具的习惯。面具一般用玉石镶嵌而成,并带有明显的肖像性,可能是按死者的相貌做成的。眼睛有时用珍珠贝和黑曜岩镶嵌而成,并在黑曜岩的眼珠上画上瞳孔。玉石面具在一些玛雅墓葬中都有发现,帕兰克的铭文神庙墓主双手和口中各有玉块,还有两尊太阳神玉雕放置在尸体两侧,太阳神玉雕小塑像的脸上戴着一个由200来块玉石制成的玉面具。可见,玉在玛雅人眼里比金子还珍贵。

2. 黄金帝国

印加帝国是古代传说中的黄金之地,当西班牙人到达时所见到的神庙内的装饰大量是金的,有金圆盘的太阳和月亮,还有真人大小的金雕像以及金的酒杯和碗。最早的金银制品来自尤卡坦奇琴伊察的“圣井”,这是玛雅人祭神的牺牲之井,里面有玛雅人的金盘子和精致的铜铃。

由于殖民者对黄金的掠夺,这些金银制品大多被熔掉了。现存的金银制品只有小型的金银雕像,通常是程式化的风格,人物形象总是同一表情,直立,没有动感,手放在胸前。《锚形黄金镊子》以流线形的轮廓构成简洁新奇的造型。《金制涡卷纹鼻饰》全部用曲线构成,由线条组成的装饰和中间的月牙形块面结合成一个充满对比关系而又十分和谐的整体。

3. 太阳历石

阿兹特克人认为他们生活在第五个世界,著名的《阿兹特克太阳历石》就是阿兹特克民族这种精神的象征。它是一个直径3.6m的圆盘,由复杂的符号与图像组成,有20个宗教的日期符号,正中是一个地魔的面孔,八根射线向外射出,外沿有两条大蛇环绕,内沿有夜空星辰的符号,整个圆盘犹如一朵曼陀罗花。

《方形石钵》带有优美把手,由两个方形的角将两个部分连结一体,形似中国的“方胜”。虎面人像玉斧的造型是“虎面人头像”,是宗教仪式中的一种祭器,具有保护生命的神圣作用。莫奇卡人有大量的肖像陶器,如把带镫形嘴的罐子塑成武士、祭司的形象,再涂以颜色,非常写实,仿佛是一个个不同人物的肖像,尤其是坚毅的武士头像,充满了生命活力。

四、织物奇迹

被誉为“世界纺织品奇迹”的纳斯卡织物,原是包扎木乃伊的套服,由于该地区处于干热的沙漠地带,大量的木乃伊完好地保存下来,留下了大量纺织物。纺织品有薄纱、丝棉、羊驼毛和棉的混合织物,晚期还出现了绣花工艺。这些织物包括斗篷、衬衣、缠腰布、头巾、外套和裹尸布,用红、蓝、黄、绿、褐等颜色织出或绣出来。织物图景包括奇形怪状的有翼动物或戴面具的人物、还有呲牙咧嘴的人头、双头鹰、鱼、鸟等。这些形象不是写实,而是表现出丰富的想象力和变形能力。人物形象都较小,布满了斗篷和裹尸布,产生很华丽的效果。这些图案的色彩协调而丰富,颜色都是自然的棉花和毛的原色,一小块织物上的颜色可达20多种,织物保存至今达几千年之久,仍鲜艳如新。

第三节 因地制宜

大洋洲包括澳大利亚、新西兰和美拉尼西亚、密克罗尼西亚、波利尼西亚三大群岛。由于特殊的自然环境和地理位置，大洋洲艺术充分体现了民族风格和地区特征。他们的艺术活动基本上是围绕着图腾崇拜而展开的，并表现出浓厚的原始特征。

一、各尽其能

由于缺乏优质粘土和金属矿藏，大洋洲陶工艺和金属工艺受到限制，但丰富的植物，贝壳和石料使大洋洲艺术完全与大自然溶为一体。

美拉尼西亚人石构建筑物很少，普通住宅常常是十分简易地搭构而成，材料经日晒雨淋，极其容易腐朽。但一些数量可观的祭祀会所，则比较牢固。梁柱上装饰着各种雕刻和绘制的诸神像，并刻画许多装饰图案，对比十分强烈，而又丰富协调。雕刻和图案上下并连一串，十分壮观，造成一种神秘幽深而恐怖慑人的气氛。

以渔猎为生的美拉尼西业居民主要从事渔业，航海经验十分丰富，他们惟一的交通工具和赖以谋生的用具是原始独木舟，具有十分科学的流线型，恰到好处地适应他们的使用方式，船浆的图案神秘莫测，充满原始宗教气氛。

《鸟形木碗》模拟鸟形，鸟腹饱满浑圆呈半球形，鸟足为四个方形小立柱，精致的鸟头又可做把手。《椰果破碎器》是形式与功能相结合的完美范例，人可以坐在动物形状的鞍子上，用其头部的锯齿形刀刃削椰子果皮，要有效地把切成一半果子里的椰子肉取出来，刀刃的角度和位置是很重要的。《雕刻肉盘》是为纪念取胜的部落长而刻制的，其中能放进一头烹好的小猪或狗，支撑这个征服者的肉盘的形象表现了被征服部落长和他的妻子臣服的姿态，他们张大的嘴用来放置盐或者调味品。

二、土著艺术

约 25000 年前，土著人的祖先由亚洲迁移至此居住。土著居民有的今天仍停留于渔猎、采集的自然经济阶段，继续过着以小股集群在一定范围内游动的生活。土著人常使用飞去来器、投枪，着动物伪装以接近猎物，捕获袋鼠等。他们几乎全裸着身体，皮肤上彩绘着线条、圆圈等几何纹样，有的施以瘢痕装饰，大概体现了图腾崇拜。土著艺术与这种原始生活密切联系，具有浓厚的巫术意味。

树皮画是澳大利亚土著居民至今流行的独特工艺，具有新奇的装饰效果。这种树皮织物画看上去像纺织品，制作需一套特殊的工序，如多次水洗，棒槌敲打，使植物纤维软化，树皮变宽，晒干后再作画。面具往往布满似人似鬼的夸张纹饰，造型变化丰富，色彩搭配鲜艳夺目。安有植物纤维假发的树皮面具是土著居民引为自豪的纪念品。

以偶像崇拜为主的大型原始宗教活动盛行，节日的盛装十分艳丽、洋洋大观。有的充满了野蛮和英雄气概，嗜食人肉和各种酒神祭典仪式是普遍发生的事情。他们笃信"灵魂如鸟"，以鸟为主题的装饰比比皆是，甚至祖先雕像的面部也将鼻子夸张得又高又长又直，形如鸟嘴。具有庇佑力的祖先像到处可见，面部多强调种族的特征，阔大的鼻孔和厚实的嘴唇。玉石小人像是毛利人的祖先偶像，它姿态扭动夸张，仿佛有一种生命的活力在身躯内蠕动。

三、神秘巨石

在我们这个星球上有许许多多古代巨石遗址，这些巨石或雄伟壮丽，或形体奇特，或神秘怪诞，鬼斧神工，难分天然或人造。公元前 3000 年英格兰的《史前大石桌》，由两块直立粗石上方水平放一块楣石为单位作环形排列,是巨石崇拜的象征;公元前1000年墨西哥的巨石头像高3m,形象奇特。而最神秘难解的当数大洋洲复活节岛上的巨石雕像（图4-2）。

南美洲海岸过去6000km,在浩瀚无际的太平洋水域,兀立着一个三角形的小岛,它就是名闻遐迩的复活节岛。此岛于1722年被荷兰探险家在复活节那天下午发现,他们立刻被面向大海的巨大的半身石雕人像吓住了。600多尊人面巨石,全部由整块火山岩雕琢而成。它们齐刷刷地排列在4m多高的长形石台上,有100多座。每座石台安放4~6尊石像,石像高7~10m,最高的30多m,数百吨重。这些石像几乎都是长脸,长耳朵,双眉深陷,浓眉突嘴,鼻子高而翘,一双长手放在肚前,面朝无边的大海,昂首凝视的眼睛里仿佛隐藏着什么秘密,或者在期待着什么。许多石像的头上戴着一顶帽子,用红色的凝灰岩雕制成几米高的圆柱形,可戴,可卸下来。

图4-2 巨石雕

第四节 精益求精

伊斯兰艺术是伴随着伊斯兰教在阿拉伯地区传播和发展起来的,带有显著的宗教色彩,它以阿拉伯半岛为中心,遍布亚非及欧洲,在全世界近6亿伊斯兰教徒居住的地方,都可看到这种艺术。伊斯兰教的一神论决定了其艺术的性质——清净独一,精细的植物纹样和清雅的色调使在不毛之地上生活的阿拉伯人得到心理上的补偿。伊斯兰艺术以其清新明快的色彩效果、精致繁丽的装饰手法和清湛的工艺技巧,展示了其巨大的艺术魅力。

一、伊斯兰教

作为世界三大宗教之一的伊斯兰教兴起于7世纪,由穆罕默德创立,《古兰经》和真主是整个伊斯兰世界思想和艺术的支柱。全世界众多穆斯林对真主安拉的顺服来自于伊斯兰教教义,《圣经》创世是一历史事件,而《古兰经》是安拉要我们顺服的标志,"他是天地的创造者,当他判决一件事的时候,他只对那件事说声'有',它就有了。今天的每一件事,人如何受惠于动物,日月星辰如何明亮的照耀,风如何吹拂和转向,雨如何落下滋润五谷,船舶如何开动,山脉如何固定在原位——无不令我们对安拉顺服、畏惧。

二、清真寺庙

伊斯兰建筑艺术的巨大成就突出表现在适应宗教信仰,建立在各地的清真寺建筑上。由最早的简洁朴素到后来的富丽堂皇,伊斯兰建筑经历了从朴素到华美的过程。

穆斯林精神支柱麦克白天房相传由亚伯拉罕父子共建,是真主安拉的圣殿,它是一个不太规则的立方体建筑,12m长、9m宽、12m高,自顶而下四面都用布覆盖,四周是一个200m宽、1500m长的广场。在东面离地1.5m高的墙角上嵌着黑石,呈椭圆形,直径27.5cm,可能是麦加崇拜神物偶像时期留下的最古老的神物。苏来曼清真寺位于伊斯坦布尔,这是一个由四个四方形柱子支撑的圆形建筑,四周树立四个伊斯兰教的典型建筑呼报塔。内部所有墙壁镶嵌大理石,前庭建造得非常华丽,中央大穹窿由四根大圆柱和四个半圆穹窿支撑,以下随平面的逐层扩大又覆盖许多大小穹窿。

括总整个伊斯兰世界建筑精华的印度

泰姬陵（图4-3），总体布局完美，轴线对称端庄，空间序列丰富，倒映在水中，造成一种如梦如幻的艺术感觉。泰姬陵是莫卧儿王朝第五代帝王沙杰汗为王后泰姬所建造的陵墓，草地后面的大理石陵墓被96m×96m，5.5m高的白色台基高高托起，四角为四座高40.6m的圆塔。沙杰汗为造这座陵墓花了18年的时间，每天有两万人为这座陵墓无休止地辛勤劳作，几乎耗空了国库，以至莫卧儿王朝为此一蹶不振。后来，沙杰汗的

图4-3 泰姬陵

儿子篡夺了王位，把老国王软禁在泰姬陵旁的阿拉拉堡。整整27年，这个被废黜的多情国王，天天在卧室的阳台上遥望爱妃的陵墓，郁郁而终。这座建筑杰作吸收了伊斯兰建筑的精华，同时融合了印度传统建筑的因素，形成了一种既简洁明快又装饰富丽的莫卧儿风格，被公认为世界建筑艺术的奇迹之一。

伊斯兰建筑最大的特点是内外装饰，有：①花式砖砌，在墙面上用砖的横竖、斜直、凹凸等变化，砌出各种几何纹样，形成丰富的阴影；②琉璃砖铺饰，即内外表面，不留一点空白，产生璀璨闪耀、堂皇绚丽的效果；③石膏浮雕，即在上面着色，有红、黄、绿、蓝等色，少数贴金。呼报塔是召唤教徒做礼拜的高塔，有圆柱、四方和多棱

形，是伊斯兰建筑最显著的标志。圆形穹顶成为具有标志性的重要造型手段。

三、缠枝卷叶

据波斯神话，上帝率先在古代东方开辟了一处名为帕伊丽黛泽的御苑，这里到处是奇花异草、名木佳树和祥禽瑞兽，类似中国神话中的蓬莱仙境或《圣经》中的伊甸园——一座青春永驻、万世不变的人间天堂。象征生命之树的圣树纹与这种神话传说有关，在这种树纹中又繁衍出一串串葡萄珠，这就是东方美术史上最早的缠枝葡萄纹。源于希腊的棕叶卷草纹形态相当写实，主纹呈扇面棕叶状，它连绵不断、枝繁叶茂，象征着宇宙万物的节奏感和顽强旺盛的生命力。正是这种美妙的波状曲线，逐渐酿成了阿拉伯纹样的神韵和精髓。

阿拉伯纹样和阿拉伯文字的最大作用在于装饰以清真寺为代表的各类建筑物及其工艺品，它们既是体现装饰意图的艺术语言，又是传播宗教观念的特别符号。在清真寺的礼拜大厅里，到处是一片密密麻麻、五颜六色、奇形异状、波动旋转的曲线纹样，足以使人眼花缭乱、头昏目眩。这种追求浓稠密度的艺术效果，不仅反映了穆斯林们向往富饶、畏惧空白的审美心理，而且完全适应作为宗教建筑所必要的神秘气氛。

"白地多彩釉"是由白地衬托出绿色和黄褐色纹样，类似中国"唐三彩"，《白釉黄褐彩三提环陶壶》丰满壮实，长耳兔的连续纹样很像中国的"三兔共耳"民间纹样。《米奈型碗》烧造工艺类似宋元时的青花，色彩淡雅调和。青铜《猫形香炉》出气孔精雕细镂成布满全身的装饰花纹，便于散发香气。《长颈瓶》造型曲线由上至下，一气呵成，细长的颈部与浑圆的腹部对比鲜明且和谐连贯。织毯是伊斯兰信徒的必备之物，多以红、黄等纯度较高的用色为主调，构图密不透风，碎小的纹样点缀其间，形成强烈的动感。

四、书画合一

由于正统教义禁止描绘人物形象,严禁偶像崇拜,反对把具象化的人物、动物等生命体作为礼拜的对象来描绘,因此以几何图形为基础的抽象化曲线纹样,就成了伊斯兰装饰艺术的突出特征。因此许多伊斯兰图画是由书法代替画像,阿拉伯文字演变为很多复杂、优美的书法体,并与阿拉伯图案相结合,具有高度装饰效果,如《古兰经》装饰页。

阿拉伯文字也起着相当重要的装饰作用,当时的首都巴格达,是一个名家荟萃的书法艺术中心。在阿拉伯书法史上,11世纪是一个空前繁荣的黄金时代,新兴字体相继问世,书法名家层出不穷,艺术风格丰富多采。有的清秀纤细,有的活泼奔放。有的专门装饰《古兰经》,有的专门用于苏丹签名的花字体……等。所有这些字体,其本质都是一些富于节奏感的抽象线条,它们与植物纹的波状曲线相得益彰,大大提高了阿拉伯纹样的艺术效果。

在阿拉伯纹样的背后,大多含蕴着某种玄奥的神秘哲学或宗教观念。圆形表示所谓不可分割的整数"1",象征着真主独一无二、完美无缺,地球只有一个中心等宗教观念;正方形四条边所表示的"4",则象征着四季、四方、四种美德、四种味觉等神学思想。

在缺乏精密绘图仪器的伊斯兰时代,竟能绘制出如此繁琐复杂、变化无穷的图形,确实令人惊叹。圆中有方、方中有圆,如此反复变换循环,结果构成了许多形形色色、精美玄妙的纹样,使信徒们感到那个周而复始、万物有灵的大千世界确实存在,洋溢着穆斯林的审美情趣和宗教热忱。

第五节 吸收与包容

日本是亚洲东端的岛国,因岛屿众多,古称"八十洲岛"。日本国大面积被森林覆盖,多雨、潮湿、四季分明。日本艺术具有很强的包容性,粗犷与细腻、强烈与柔和、朴素与豪华皆可同时并存,同步发展。

一、文化潮流

上古文明时代的日本艺术,表现出显著的岛国特征和单一民族的风格,不受任何外邦文化影响,具有深刻的思想内涵和自然属性。一千多年前文化借鉴浪潮给日本带来了直至今日依然是他们社会主要因素的东西。

1. 唐风一边倒

日本文化与博大精深的中国文化有极深的亲缘关系。日本最早的文化发现之一,绳纹时代上的纹样与中国桂林旧石器末期洞窟遗迹中的线刻石片一脉相承。进入古代文明后,约5~6世纪,中国的佛教文化便传入日本;日本的国教"神道"中亦不乏儒教的元素;日本艺术的"古风"便是直接借鉴中国的唐风;日本的宗教建筑或仿唐或仿宋;日本的南画和水墨画从中国古代文人画习得;日本叙事画卷中的人物造像不乏中国唐代仕女的特征;中国的炼铁术和印刷术使得日本木结构建筑的发达、日本刀剑的风靡及书籍的普及成为可能;日本的茶道、古代陶瓷是中国古代茶文化和陶瓷艺术的变种……8世纪时,日本艺术呈现"唐风一边倒"的态势,自平安时代起才完成了"唐风"向"和风"的过渡。

日本传统文化以中国古代文化为基本参照,但日本是个极善"拿来",又极善改造的民族。12世纪末叶武士阶级登上日本历史舞台,宽大的衣袖和内外多达几层的豪华装束被穿着方便的窄袖便服所取代,称为和服的服装样式成为日本最普及并最具代表性的服装,日本古典歌舞剧"能"在衣装中表现了很强的武士文化。由于饮茶之风极其广泛地在庶民百姓中盛行起来,模仿中国陶器中的天目釉茶碗和壶类等茶器表现出稚拙朴素的风格。和服的变迁，茶道的兴起体现了日本本土的文化流向。

2. 飘浮的世界

由于工商业的发展，市民的力量增加，17世纪中叶，为适应新兴商人阶层对绘画的需求，反映市民逸乐的气氛的木版艺术出现了，这就是"飘浮的世界"——浮世绘。"浮世"原为"忧世"，始于佛教用语"浮世间忧"。亦指人间世相，且特别针对以俗人俗物为主的歌舞伎与消遣娱乐场所，又特别针对娱乐圈中的美人艺妓等（图4-4）。美人艺妓属供人享乐开心的风尘女。她们个个看起来幽玄妖艳、风情万种，但内心却孤寂凄楚，忧伤悲凉。艺妓们为了生计或虚荣又不得不浓妆艳抹，强作轻浮。其内外的分裂和表里冲突，正是浮世绘这种古怪的悲艳艺术发生的客观条件。浮世绘美人画以鸟居清长、喜多川歌磨，风景画以葛饰北斋、安藤广重最为有名。喜多川歌磨的《镜中美人》由一条圆曲的粗线表示镜子的边缘，镜里的脸从右侧突入，并不完整，成为画面的中心，构成一个令人的难忘的形象。

图4-4　日本浮世绘

由于人种、生存状态和文化传递的差异，东西方传统艺术所具有的质感大相径庭。西方的传统艺术追求物体特质的真实感和肌理的可触摸感，如，古典油画和写实性雕塑，其对艺术品内在的质感——精神指向也决非晦涩幽玄。然而，东方传统艺术的质感却疏离物体特质的真实感而极显淡雅灵动，其精神指向亦飘忽躲闪、若即若离。日本浮世绘可说是一种极具东方特色的传统艺术形式。

3.《源氏物语》

11世纪的《源氏物语》是日本最早的长篇名著，也是世界最古老的长篇优秀小说。作者紫式部是日本皇宫后院从事写作的女官，以描写男女爱情生活为主，叙述一个才貌双全、风流倜傥的贵公子光源氏在其一生中与几个不同女性之间的爱情生活以及在政治上的沉浮，作品着重对人的感情和大自然的美的描写，笔调细腻，情感丰富。故事历经4代天皇，长达70多年，人物多至430余人。以同名小说为题材的画卷，用致密的技法绘出没落贵族迷醉、细腻、奢华、朦胧而含哀怨的情绪。画卷中的人物用线条勾画形象，用矿物颜料在轮廓内涂以浓厚艳丽的色彩。画面既非焦点透视，又非我国古代绘画的散点透视，而是自上而下的斜视角度，卷轴一旦从右向左打开，观者便自然由右向左俯瞰，人们浏览到史诗般的情节。人物呈程式化，如一勾是鼻，两条中间稍粗的细缝，即眼睛，点一个红点是嘴唇。

僧侣仙崖用非常简单的粗线条创作了人像画《打斧拳》，描绘了禅宗法师临济突来顿悟，拳打师傅的故事。临济的姿势既非愤怒，也非不快，而是进入新境界时一种自觉的表情。

日本最伟大的佛教雕刻家是运庆，传说他的木雕酷似肖像画，运庆注重于对人物形象的深刻内向性表现。面部圆满，表情增添笑容，肩线变得平滑，衣纹刻线变浅，平等院凤凰堂阿弥陀如来像上圆满和谐的佛姿，满足了人们对净土的幻想。

二、浑然天成

由于受神道古老宗教的影响，日本神龛从4世纪时开始兴建，伊势神殿是崇奉与祭祀神道教义中各神灵的社屋，表面不得涂画，以保持神道的纯洁，木料用榫头组装，平面为矩形，挖土立柱，山墙上有山花中柱，悬山式草屋顶，从外宫至内宫有数道栅栏和围墙围绕，形成层层空间。

日本房屋是柱梁结构，内外的墙壁都可以移动，或扩大室内空间，或可面对室外景色，风和日丽的天气。桂离宫是17世纪建造于京都的皇室别墅，土地、流水、岩石、植物精心组合为一个整体，人工与天趣相映成辉。宫墙几乎不承受重量，只是滑动的隔板，它们可以拉开，将内外空间连在一起。这座日本皇宫顺着花园小径进入，当你漫步前行时，出人意表的景观纷至沓来。

日本的房间里一般很少摆设，折叠屏风就成了一种实用艺术。在武家的邸馆、宫殿和佛教大寺院，纷纷装饰着华丽的障屏画。金碧障屏画大胆明快，万紫千红，视觉效果好，故成为时代花簇。小书院等私家住宅，喜好枯淡的水墨画。障屏画中，大型花鸟图成为主体，鹰、龙、虎、狮等武士喜好的勇禽猛兽尤为盛行，还有大型风俗画，如《洛中洛外图屏风》，《松岛的海浪》波翻浪涌，渗透了艺术家对自然的爱恋。

三、岛国之花

日本最早的陶工艺出现于约公元前8000年左右的"绳纹文化"时期，那是用手盘筑的具有"绳纹"图案的陶器，早期并非刻意追求，而是修整器物时留下的痕迹，但随后便刻意用黏土做成绳子隆起的纹样，器皿体积随之增大，器壁加厚，口缘的波形纹也变得像大型的把手一样，充满着力度和量感。古坟时代文化约为3世纪末至6世纪中叶，因当时大兴坟墓而得名。古坟时代的随葬品是类似中国明器的坟丘配置的埴轮。《人物埴轮》模拟人的日常生活，表达了让死者在冥府也能获得欢乐的生死观。

《玉虫橱子》是日本现存最早、最完整的漆工艺品。中西大寺的《金铜舍利塔》材质应用丰富多彩，充满量感和张力。《天寿国曼荼罗绣帐》是现存日本最古的"绣佛"作品。

第五章 战斗与融合

人类历史上，在从鬼神一统天下到最终人战胜神之间有一段长达9个世纪的人神并存或相互抵制的时期。这段时期，人类的艺术在重重压抑或融合中散发出独特的魅力。

第一节 黑暗的一千年

自西罗马帝国灭亡至文艺复兴这段时间（约公元5～14世纪）史称"中世纪"。在政教合一的教权统治下，封建统治阶级通过教会对整个文化进行垄断，从而使哲学、科学和艺术都从属于神学。所以不少人将这段时期称为"黑暗的一千年"，称它是"灭绝人性的时代"。否定现世美成了中世纪艺术精神最显著的特点。

一、黑暗世纪

中世纪是个破烂不堪的世界，道路不通，没有维持治安的警察，到处是歹徒和敲诈勒索。艺术的发展，需要和平的环境，在动乱的社会里，艺术家没有地位，认为自己干着没有意义的事，受雇于对他们漠不关心的人，因此懈怠下去。社会上的人不以文盲为耻，学校校长是受人捉弄的对象，科学家成了多余的奢侈品，抱着他的方程式饿死了。商人在海陆不通的情况下，变成一个战战兢兢的小贩，背着一个小包袱，走村串乡，只要能保住性命，情愿向路上的强盗出高价，留下买路财。

1. 神权至上

1～2世纪，基督教就在罗马帝国各处传播。早期奴隶和贫民在奴隶制度压迫下，深感痛苦却又无力改变现状。耶稣被当作拯救人类苦难的"救世主"，《圣经》是它的教义。

当人们生活稍为富裕之时便出现了阶级分化，随后是权力的纷争，而新的信仰是一套日常生活的实用规范，足以整顿乱世，这一新的信仰就是基督教。这是人们几个世纪以来，过惯了幸福而有秩序的生活之后，突然降临的，且一个又一个世纪持续下去，直到最后，欧洲出于无奈，俯首套上封建主义的枷锁。

中世纪初期，即使住在城堡里的国王，也不过过着农民的生活，他们需要权威，教会可以大量向信徒提供权威。公元313年，罗马皇帝君士坦丁公布了"米兰敕令"，宣布这一曾经长期遭到罗马帝国镇压的新宗教为国教，从此围绕基督教的为宗教服务的艺术成为欧洲中世纪艺术的宗旨。作为宗教信仰和神学的表达形式，基督教艺术不注重客观世界的真实描写，而强调所谓精神世界的表现。为此，它往往以夸张、变形，改变真实空间序列等多种手法来达到强烈表现的目的。

中世纪属于基督教的时代。

2. 世俗生活

中世纪初期，广大人民生活于痛苦、贫穷、污秽、疫疠之中，少数人，活到五十岁已算高寿，大多数人，很早就死掉了，3/4的婴幼儿死于襁褓之中。而倒霉的事发生了，几百万人得了一种神秘的病，就叫它黑死病，那是一种古代的淋巴腺鼠疫，从马赛爆发，横扫全部欧洲，造成6000万人死亡，占当时欧洲人口的1/3。弥漫世界的恐慌情绪，使大多数人深信，基督将要第二次降临，世界末日快要到了。

中世纪享乐思想盛行。男人喜好打猎、放鹰、下棋、马上比武，女人则从事刺绣。而行侠仗义的骑士般的歌手——行吟诗人深受喜爱。彬彬有礼、慷慨大方而又侠义的骑士风度非常流行，就像小仲马在他的名著《三个火枪手》所描述的由热爱圣母，变成所有妇女的忠实的仆人的火枪手一样。

直到12世纪，欧洲人都穿古罗马人的大袍外加一条防寒裤子，人们钻进大袍里，男女大同小异。随后，垂直流线型成风，上衣越来越瘦，直到最后，从头上套不进去，这时纽扣有了，男人上衣越来越短。黑死病爆发死了很多人，原先连衬衫也没有的穷光蛋，手上一下子收敛了很多钱，大摆其阔。袖子要长，拖拖拉拉，腰身要紧，帽子要大，鞋子也变得越来越大，大得最后要把鞋尖吊在自己的膝盖上才能走路。

二、永无止境

在基督文化严密统治下的中世纪，绘画、雕刻、文学均受到了无情的压抑，惟有建筑是一枝独秀。建筑的高度发展是中世纪的最伟大成就。

1. 巴西利卡

起初老百姓的生活条件很差，他们住在柳条和泥巴盖起的房子里。基督教合法化之后，最初借用罗马现成建筑形式的"巴西利卡"是一种中厅较宽，两旁有列柱分隔出过廊的长方形建筑，中厅比侧廊高，可利用高差在两侧开高窗。多用木屋架，屋盖轻、支柱细、容量大、结构简单，便于聚会。320年开始兴建于罗马的圣彼得教堂是规模最大的巴西利卡式教堂。

在巴西利卡式的教堂靠祭坛前增加了一道横向空间，高度与宽度都与正厅相对应，这种教堂就是拉丁十字教堂。十字形象

征耶稣受难的十字架，教会一直把它当作最正统的教堂型制，代表作为罗马城外的圣保罗教堂。

2. 拜占庭

拜占庭原为希腊的殖民城市，330年，罗马皇帝君士坦丁一世迁都于此，改名为君士坦丁堡，拜占庭建筑是基督教教会的建筑。在拜占庭建筑中，大理石镶嵌画、壁画和其他艺术品的缤纷色彩互相辉映，造成一派壮丽华贵的景象。拜占庭建筑的中心结构是主穹窿，它控制整个建筑，并以不同形式与辅助拱结合，创造出丰富的内部空间组合。公元6世纪的拜占庭最具代表性的建筑是圣索菲亚大教堂，万神庙的穹顶建在圆形的围墙上，而它在方形底座上加盖圆顶，四个户间壁支持四个圆拱，圆拱之上则是圆顶，它们相互邻接，跨越中殿上部。教堂内部有着丰富的色彩装饰和良好的照明，大教堂墙壁上铺满色彩斑斓的马赛克。当日光透过长廊幕壁上的巨大弦月窗洒进教堂，透过主穹窿的窗孔充满整个空间时，镶嵌画熠熠闪烁，而巨大的穹窿则仿佛飘浮或悬挂在空中似的，光线减弱了穹窿和窗间壁的重量感，造成了奇妙的视觉幻象。

威尼斯圣马可教堂也具有较浓厚的拜占庭色彩，据说它是由来自希腊的拜占庭匠师设计，并仿照君士坦丁堡的圣使徒教堂的形制，以中央圆顶和周围四个圆顶构成十字型厅堂，装饰华丽。

3. 罗马式

十字军东征确立了教堂强有力的领导地位，拉丁长十字形的罗马式建筑追求更加壮观的效果，它是由巴西利卡教堂到拉丁十字教堂发展而来的，具有封建城堡的特点。石墙很厚，窗户小，距地面较高，比较沉闷，缺乏变化，教堂前后往往配置碉堡似的塔楼。随着拱顶和拱门的广泛运用，中

世纪建筑中的罗马式风格渐趋成熟。如比萨大教堂及其钟楼——比萨斜塔、威尼斯圣马可教堂是罗马式建筑的杰作。比萨大教堂及其驰名世界的斜塔都建筑在一个开阔的广场上，外部饰以白色大理石，间以黑色大理石的横带，拱门按层排列，统一规划中又富于变化，被誉为最美丽的中世纪建筑之一。

4. 哥特式

哥特式建筑是意大利人送给他们认为的野蛮人——住在阿尔卑斯山后的高卢人建筑的贬称。出现于12世纪下半叶的哥特式建筑是垂直的，据说是有感于森林里参天的大树而模仿之，他们认为那些高高的尖塔与上帝更接近。哥特式建筑与尖拱技术同步发展，使用两圆心的尖券和尖拱，推力比较小，有利于减轻结构体自重和增加跨度，也大大加高了中厅内部的高度。哥特式建筑内部，从柱墩上散射出来一根根骨架券，交合于高高的拱券尖顶，柱子成为有效的支撑物，墙的作用减少，变成"窗户框子"。外扶垛从哥特式建筑外面向里使劲，抵住沉重石屋顶压在教堂内柱子上所造成向外倾倒的力量。哥特式建筑广泛使用尖拱券、垂直的柱子和簇柱，挺拔直上的形式象征着精神战胜了尘世生活的束缚，它的尖顶不但使教堂采光好、空气好、而且大大提高了教堂的高度，外边的屋顶上饰有许多参差不一的小尖塔和轻盈的飞扶壁，整个建筑物显得玲珑剔透、俊秀飘逸。再加上彩色玻璃窗，形成使人心动神摇的缤纷天堂。

巴黎圣母院（图5-1）是最著名的哥特式教堂，平面是拉丁十字形，两翼很短，5条长廊，东边祭坛外边呈半圆形，西面正门两侧有高塔，十分华丽。哥特式建筑不牢固，曾发生过多次坍塌事故。米兰大教堂有135个尖塔，科隆大教堂双塔高150m，持续维修了600多年，宛如一个长得很庞大的

图5-1　巴黎圣母院

野兽，它的骨架全露在外面，如果碰一下，骨架就垮台了。

中后期的哥特式教堂一味强调高度，有些建筑物的轮廓线呈放射式或火焰式，给人一种紧张不安、腾空向上的感觉。兰斯大教堂属于放射型，它的各个部位皆细长向上发展，尖塔林立，如大树的枝杈升空。著名的鲁昂大教堂带有火焰纹式的特色，尖塔如跳动的火焰，呈现出不安定的节奏感。

三、建筑装饰

在神权至上的中世纪，绘画和雕刻受到一定程度的压抑，但其中仍有不少令人惊叹的创新。

1. 镶嵌画

延续11个世纪的拜占庭艺术炫耀帝国的强大和帝王的威严，把帝王表现为基督在尘世的代理人。这种被看作东西方融合的艺术注重色彩的灿烂、装饰的华丽，强调

人物精神的表现。

拜占庭镶嵌画由小块大理石或彩色玻璃拼嵌而成，色彩鲜明璀璨。意大利各地都建有著名的作坊，艺匠们继承了300多年来的罗马传统，设法将光线反射在镶嵌画表面，突出人物轮廓和超凡的宗教气氛。蜡万纳镶嵌画描绘了走向基督和走向圣母的男女天使行列，强调装饰性，不表现背景，有着几乎完全相同姿势的人物造型很少有三度空间感。圣维他尔教堂的《查士丁尼皇帝和廷臣》（图5-2）肃穆而庄严，具有几分梦幻般的神秘感，画中正面站立的人物形象表现了一种美的理想，他们有着纤长的形体，端正的面孔，专注的大眼睛，庄严的神态和华丽的衣饰，这些人物被赋予神圣的特质：带有圣光环的皇帝和皇后被表现为基督和圣母的尘世代理人。

图5-3　彩色玻璃窗画

图5-2　查士丁尼皇帝和廷臣

2. 彩色玻璃窗

中世纪哥特式教堂的彩色玻璃窗画（图5-3）十分出色。在教堂墙壁上安装大量的玻璃可以使信徒免受教堂外嘈杂声干扰，免遭风雨和寒冷侵袭，而强烈的阳光使彩色玻璃改变颜色，五颜六色光线使人联想起天堂的缤纷。法国的沙特尔大教堂的玻璃画最为出色，不仅有圣经题材，还有生活和劳动场面的描写，人物生动，构图严谨，色彩艳丽。

3. 宗教雕像

哥特式建筑重视装饰，雕刻的作用十分明显，每个教堂都有不少雕塑，例如，兰斯一个教堂就约有大小雕像2300个。后来雕像逐渐摆脱建筑物独立存在，人物的形体自由，常呈S状，衣纹富有变化，具有动感。工匠们常常按照自己想法来表现宗教人物，甚至在个别的作品中流露出对教会或社会不满的情绪。

巴黎圣母院门上半圆形拱角板浮雕《圣母升天》十分精采，人物有一种优雅的神态，颇有生活情趣，并注意到了构图的完整性。兰斯圣母大教堂西门上的一组雕塑充分显示了成熟的哥特式雕刻艺术，圣母的形象典雅优美富有人情味，让人联想到古典希腊的雕像。《天堂之门》花了27年才雕刻完成，它由十个方格组成，上面雕刻了《旧约》圣经的故事，间饰以树叶和动物雕刻。

四、无所不在

由于经济落后，生活艰难，中世纪专为普通人设计的日用品很少。供统治阶级享用的牙雕、珠宝饰品和为宗教服务的十字架、圣书书函和遗物箱却很多见。《嵌饰十字架》以金属为胚体，再饰以珠宝，极其华美精致。《银制镀金人像形圣遗物盒》具有强烈的装饰效果；《象牙袖珍礼拜坛》是最早表现十字架上耶稣题材的双页牙雕，远行时可折叠合拢，随身携持；《象牙主教权杖头饰》赋予材质坚硬的象牙以丝绸般柔软飘逸的动势和美感。人们随时随地都不忘朝拜圣物。

公元3世纪末，阿让的一个年仅12岁的女孩，宁愿以身殉教而不崇拜偶像，最终使她所在的村庄名声大噪，成千上万的朝圣者，对圣女崇拜扩展到整个基督教世界，成为大家竞相崇拜的偶像。这个头部模仿罗马神像的塑像本身并不美观，在矮胖的身上点缀着各式宝石，她睁大珐琅质的眼睛凝视前方，金面具露出阳刚之气，镶嵌着大大小小的宝石，五光十色，灿烂缤纷。

采用哥特式尖拱形雕刻作装饰的家具一般以厚橡木板制成，粗拙而厚重。耶稣生平和圣母加冕之类的场面，在中世纪染织纹样中时常出现。

五、插图

拜占庭插图以东方式的装饰色彩、风格化的形象处理和灿烂的金色背景为特征。9世纪的《福音传道者圣马太》（图5-4）是福音书的扉页插图，圣马太是具有叛逆色彩的鼓动者，他被描绘成一个孜孜不倦拼命写作的作家，弯腰，目光凝视文章，有如被一股内在力驱使着。他双颊通红，头发杂乱，身穿色彩鲜艳的袍子，似在颤动，远处起伏的山丘只用粗略的几笔勾勒出来，山丘上立着矮小的灌木及模糊不清的建筑物，使视野更为开阔。《梅丽森达诗篇》是一典型的12世纪插图手稿。它的封面以象牙雕刻、绿松石、红宝石装饰，手稿中描绘基督生涯的24幅整页插画，色彩虽仍然非常丰富，但已显散乱。

中世纪时，中国印刷术传入欧洲，1450

图5-4　《福音传道者圣马太》插图

年古登堡发明了活字印刷术，比中国晚400年。英国人威廉、凯特斯印刷了第一张广告，代替了手工抄写。

第二节　封建的一千年

中国封建社会是一个超稳定的系统，封建社会的长期停滞和周期性改朝换代是它特有社会结构的产物，而王朝周期性的崩溃，实际上消灭了整个封建社会不稳定的因素，从而达到恢复旧存的调节作用。独特的文化背景培养了独特的审美观和思维方式，产生了独特的艺术，那就是3000年的代代沿袭，尤其体现于绘画与建筑艺术。

从魏晋南北朝历唐代至宋元的1000多年间是中国封建社会的青年时期，艺术也达到了顶峰。

一、缤纷乱世——魏晋南北朝

西晋是我国历史上第一个被外族消灭

的王朝。东晋的统治范围仅限于江南的半壁河山，江南的名士与渡江的中原人士有了更多的交流机会，促进了社会文化的发展。东晋出现了山水诗人谢灵运、田园诗人陶渊明等人，为将来隋、唐的诗文盛世创造了前提条件。南北朝是在东晋后形成的纷乱局面，后经隋文帝杨坚统一全国，才结束了长达近300年的纷乱局面。

中央集权的统治越严厉，思想和艺术就越是受到束缚和控制，艺术在本质上是自由创造，思想需要一个相对开放和自由的空间。魏晋南北朝正是由于国家处于分裂状态，中央集权控制失效时，学术思潮与艺术创作才空前活跃，在近4个世纪的战乱中，形成了历史大动荡和民族大融合的局面。西方文化大量输入，中原文化大量南渐，它是秦汉和隋唐两个极盛之世中间的重要变革时期，为隋唐盛世注入新血液，打下新基础。这时经济重心开始向长江流域转移。士大夫为了逃避现实，崇尚清谈，玄学思想大发展，玄学的基本观念有：本与末、体与用、动与静、言与意、才与性，即以老庄思想揉和儒家经义。这些寄情于山水之间的文人士大夫开始在自己的生活居地周围经营起具有山水之美的小环境，这就是私家园林的开端。最有名的隐士是"竹林七贤"，即嵇康、阮籍、刘伶、向秀、阮咸等，他们"秀骨清像"、"辩才无碍"，以"放浪"事迹而著称于世。如嵇康"有奇才，曾获山涛举荐任官，却以长文与之绝交"；刘伶"纵酒放达，常裸体在家，自谓以天地为栋宇，屋室为衣"。儒、道、佛三教并行交融，文学、诗歌、书法、绘画、雕塑空前发展，手工业工人自由独立，出现了"百工"和"六朝繁华"的局面。

1. 佛教建筑

中国文化基本上是在没有受到外来文化浸染下独自发展起来的。东汉末年，佛教作为外来文化第一次大规模传入中国时，中国的本土文化早已成熟，外来文化只有适应中国国情才能生存下去，中国文化特有的强大生命力和同化力，使大多数佛教建筑都中国化了。

（1）石窟

石窟是开凿在山崖壁上的石洞，据说修禅与石窟关系密切，当僧人坐禅时，须观看，再在幽处打坐回忆，以助入定。修寺造像在佛教信奉者眼中，是积累功德的行为，藉此可以追求来世的幸福。相传石窟始建于东汉，崖窟地处偏僻，不但窟内冬温夏凉，而且环境幽静，适宜修行，同时修建石窟节约费用，又坚固耐用。中国石窟艺术是最善于利用天时地利，融人文景观与自然景观于一体的典范。它们依山傍水，自东向西逶迤于层峦叠嶂之中，那博大精深的气势包涵着民族和时代的特征。

中国最早凿建石窟寺在今新疆地区，魏晋南北朝时形成高潮，唐宋时主要以在原有的某些石窟群中续建为主，元明以后凿窟之风才逐渐停息下来。其中，甘肃敦煌莫高窟、山西大同云冈石窟、河南洛阳龙门石窟并称为中国三大石窟。此外，甘肃天水麦积山石窟、河北南北响堂山石窟、四川大足石窟等也享誉中外。

云冈石窟艺术品都是石雕，现存造像有5万余尊，大者高达17m（图5-5）。龙门石窟造像约达10万躯。最早开凿于公元366年的敦煌是古代中国对外交通的丝绸之路上的重要枢纽，莫高窟在今敦煌县城东南鸣沙山东麓的悬崖上。古人曾经描绘石窟寺："青云之半，峭壁之间，镌石成佛，万龛千窟，虽自人力，疑是神功。"众多石窟寺的建造正是这样的情景。

敦煌的石窟，原来是为了宣扬佛教，所以早期壁画的内容都来自佛经。如《尸毗王》、《萨埵那太子》都是佛教中的人物，

图5-5　云冈石窟

图5-6　西魏石窟画中的飞天

《鹿王》、《得眼林》也都是印度的神话。可是，到了西魏以后，在绘画风格上，汉族的人像造型、服装、建筑形式，不断地被加到印度式样中去，甚至连原来的印度佛教，也开始融入了中国的本土宗教和信仰，混合成一个新的神话世界。如西魏敦煌石窟一幅窟顶壁画中的神怪，由中国道教中的天龙、飞马、雷神，佛教的菩萨、飞天等形象共同组成丰富生动的画面，这种神话的大融合，并不是通过思想上的辩论，而是经由画家的自由联想，使原来的印度佛教神话，掺进许多汉族的信仰。石窟画中的人像和塑像也由原来直鼻薄唇，大眼宽额，四肢粗壮变得面目清瘦，肢体修长了，他们的服装也变得更为中式化。如北魏的飞天是V字形，非常呆板，可是西魏的飞天不但容貌变得非常清秀，连身体得姿态也变得十分优美（图5-6）。表面上，那些画所画的还是佛教里的飞天，但事实上，飞天已变成中国人了，一般百姓都认为佛教本来就是中国的宗教。这种逐步汉化的现象同样也表现

在石窟中大量应用的装饰纹样上，如佛教的火焰、卷草等纹样逐渐变为中国传统装饰中云气纹、水波纹那种行云流水般的飘逸风格了。

这种中外文化融合的现象不是偶然的。因为创造这些石窟艺术的是中国的工匠与艺匠，他们尽管创造的是外国传来的佛像，描绘的是佛国的景象，但他们并没有见过真正的佛，也没有见过印度、西域地区的佛教艺术形象，他们所依据的只能是他们所熟悉的中国的贵人，中国的环境，他们所画出的佛、菩萨、弟子只能是这些现实中贵人的升华；他们所表现的佛国净土世界，无论是精美的亭台楼阁，还是青山绿水、鸟语花香，都是现实环境的净化和理想化。

（2）寺

人们认为佛寺是佛国净土的缩影，表征着佛的住所，体现出平和与宁静。于是那种尺度近人、含蓄内向、充溢着理性精神的中国木结构建筑及其群体组合方式，自然也就成了佛寺建筑的蓝本。

佛寺建筑采取了中国传统建筑的院落式布局，事实上，除了殿堂里的佛像、宗教陈设、宗教壁画以外，佛寺建筑本身与宫殿、衙署、住宅等十分相似，以至于它们常常可以互换。这一方面是由于中国传统建筑体系力量的强大和它的高度适应性，同时也取决于中国佛教自身的因素。中国最早的佛寺是东汉的洛阳白马寺，由原来接待宾客的官署

改建。经三国到南北朝，由于阶级矛盾和民族矛盾的激化，社会动乱，再加以统治阶级的提倡，佛教和佛寺发展很快。仅北魏统治期间，就有佛寺3万多所，都城洛阳即有1300多所，南朝建康有500多所，"南朝四百八十寺，多少楼台烟雨中"。

其中，山西浑源的悬空寺（图5-7）最为独特，它建造在北岳恒山的山谷峭壁上，不是石窟洞口的建筑，而是一组由多座殿堂组成的寺庙建筑群，与一般寺庙不同的是这些殿堂不是建在地上而是悬挂在陡崖峭壁之上，它们的重量完全依靠插入石崖中的木梁支撑，在这些木梁上立柱架梁和屋顶，再用栈道将它们联成一座寺院。

图5-7　山西浑源的悬空寺

（3）塔

塔是佛教专门的建筑。佛教的创始人释迦牟尼得道成佛活到80岁高龄，在传道的路上得重病死在树林中的吊床上。他的弟子将佛的遗体火化，烧出了许多晶莹带光泽的硬珠子，称为舍利。众弟子将这些舍利分别拿到各地去安奉，把舍利埋入地下，上面堆起一座圆形土堆，在印度梵文中称"窣堵坡"，或称"浮图"，译成中文称塔。塔实际上是埋葬佛骨舍利的纪念物，它作为佛的象征，供信徒们顶礼膜拜。

塔初入中国时，作为供人膜拜的圣物，常建于佛寺中心位置。佛殿出现后，形成塔、殿并重的格局。现存最早的塔在少林寺，唐代开始建塔院，宋代又将塔移至殿后。到元代，塔多建于寺旁，其地位被佛殿取代。中国式塔一般由地宫、塔基、塔身、塔顶和塔刹组成。地宫在塔基之下，存放舍利或经卷。塔刹在塔顶之上，常由须弥座、仰莲、相轮、宝珠组成，是窣堵坡的变体。

中国现有较完整的塔有2000多座。按材质可分为木塔、砖塔、石塔、金属塔以及砖木混合结构塔等；从造型和构造可分为楼阁式、密檐式、单层塔、喇嘛塔等。单层塔出现较早，早期为方形平面，唐以后出现八角、六角形塔，如河南登封净藏禅师塔；密檐塔底层较高，二层以上层高骤减，形成瓦檐层叠之式，如西安小雁塔；楼阁式塔是典型的中国式塔。西安大雁塔、应县木塔等木结构式佛塔，结构严密，造型宏伟，但最怕火灾，尤其是高塔木构更易遭受天上雷击而毁于火。所以到唐朝佛事盛兴时，木塔很多都被砖结构代替。喇嘛塔在元代藏传佛教兴起以后大量出现，一般由双层或单层塔座、瓶形塔身和塔刹组成，常通身刷白色。

2. 秀骨清像

魏晋南北朝时期，天下骚乱，文人无以匡世，渐兴清谈之风，极端重视门第血统，容貌和服饰成为品评人物的重要方面。他们终日流连于青山绿水之间，高谈阔论，玄学和茶道盛兴，从"竹林七贤画像砖"可窥见一二。这时，短衣便装的"套服"，体现儒雅风度的"诸葛巾"和"长带飘动，衣角燕舞的深衣"交错流行，文人则敞领宽衫袒胸露怀，体现出坦荡和突破礼法的新思潮。

从反映远古时期信仰和情感愿望的岩画和彩陶花纹，到现代绘画中的优秀作品，大都浸润着炽热的民族情感。汉代以前的作者多数是地位卑下的工匠，但其作品（如画像石、画像砖）手法之活泼纯朴、生活场景之巧妙生动，至今仍散发出强烈的艺术魅力。魏晋石窟壁画也是工匠的创作，他们以高超的技艺，凭借对生活的观察、概括及丰富的想象，塑造了无数栩栩如生的形象和广阔的社会生活场面。魏晋时期上层社会对绘画爱好和重视，并直接参加绘画创作，使绘画不仅是"百工"之事，出现了有文化素养和优越条件的专业画家，但多数作者仍在一定程度上与人民群众保持着联系。

中国绘画艺术从一开始就不单纯拘泥外表形式而更强调神似。南北朝时绘画理论家谢赫的《画品》品评绘画艺术水平高下的"六法"以气韵生动置于首位。中国传统绘画重视笔墨，以线作为塑造形象的基本手段，而不是像西洋画那样重视光线体面。传统绘画以毛笔为工具，用笔因轻重缓急的不同，所画线描具有形式美感，能体现出不同的气质和个性，从而大大加强了作品的艺术魅力，谢赫提出"骨法用笔"的准则指的正是这种特色。中国古代称绘画为丹青，谢赫六法论中讲"随类赋彩"，对色彩运用极为重视，其中既有灿烂艳丽的青绿金碧，又有朴素淡雅的水墨浅绛。就连壁画也达到满目生辉的效果，如敦煌壁画《引路菩萨图》（图5-8）。

魏晋时期最有名的中国绘画史上最早的专业画家是具有高度文化修养的人称"三绝"的顾恺之。他的画以"春蚕吐丝"的线条被世人称道，在塑造人物形象上追求精神状态的刻画及气质的表现，体现了当时绘画的水平。其传世的作品《女史箴图》中的仕女，体态轻盈，面容娴静，采用细腻的线描，描绘出女性的轻盈妙曼之姿；《洛神赋图》中的女子身上披的飘带舒卷而长，迎风飘逸，好似在碧空中任意飞翔，自由奔放，充满青春活力，是一种端庄文静而又艳丽的美。

图5-8　引路菩萨图

3. 龙飞凤舞

中国三国、两晋、南北朝时代是各种书体交相发展的时期。从三国到西晋，隶书一直是官方通行的书体，当时的碑刻大都用隶书写成，到东汉时，已臻登峰造极。此后碑刻隶书过分追求波挑的装饰性，变潇洒自然的挑脚为棱角整齐的挑法，波势趋向方直，起笔强调方截，千篇一律，使精美多姿的汉隶走向末路，这种定型化模式到魏晋更是江河日下，而简约省便的楷书兴起，这样楷书取代隶书就成了必然的趋势。楷书到东晋已趋成熟，南北朝碑刻书法大都是楷书书写。草书经章草发展成今草，行书日渐成熟，涌现出了众多著名书法家，产生了许多重要的书法理论著作，成为中国书法史上光辉灿烂的时代。

4. 承前启后

既不同于汉代的古拙浑朴，也有别于唐代的雍容丰满，魏晋南北朝工艺美术吸取了各民族文化艺术的特长，并借鉴了外来的艺术形式，莲花、忍冬、卷草、飞天装饰就是这种艺术的代表。

中国的瓷成熟于三国时代，开启了我国最早的瓷工艺系统。青瓷有着温润沉着的美感，《莲花尊》由上覆下仰的两朵莲花相对而成，周身饰以高凸丰腴的莲花瓣，气势雄伟壮观。鸡头壶把实用与别有生趣的装饰结合在一起，圆浑朴厚而富有生气。宗教明器《魂瓶》代表着"子孙繁衍、六畜繁息，安魂、慰望"的祈愿。漆器在漆色方面创造了"绿沉漆"、"斑漆"，在工艺方面流行起夹贮佛像的制作。此时的染织工艺是以丝织为主，毛纺业发展，麻织盛行，刺绣技艺提高，出现了"机绝"、"针绝"、"丝绝"三绝，织绣图案以联珠圈排列为多，鸟兽树木多成双成对，圈圈相接，行行相接，产生严谨的圆方相依的四方连续效果。

二、唐风灿烂

南北朝末年，贵族杨坚夺取北周政权，公元589年，隋朝结束了中国南北朝时期的分裂局面，使中国又形成大一统的王朝。隋是承前启后的一个朝代，也是中国历史上第二个，也是最后一个两世而亡的朝代，它与另一个两世而亡的朝代秦相比，的确有许多相似之处。首先，隋与秦都是凭借强大的武力统一分裂多年的中国，而紧接着完成一系列改革，使经济得以发展。与此同时，又对人民大施徭役，致使民不聊生，终于使政权毁于一旦。然而，也正是凭借此时国家对物资财富丰盈的积累，为后世的发展创造了良好的物质条件，从而带来了隋之后中华民族引以为骄傲的盛唐文化。

20多年后，李渊、李世民父子推翻旧权，建立唐代。从初唐太宗李世民到盛唐玄宗李隆基，唐代先后经历了"贞观之治"和"开元之治"的100多年盛世，经济和文化都得到了很大的发展，成为当时世界上第一等繁荣昌盛的封建大帝国。中国的封建

社会达到了顶峰，中国在政治、经济、军事、文化、中外关系等各个方面都取得了辉煌的成就。唐朝前期，农业生产蒸蒸日上，手工艺品日益精巧，商品经济空前繁荣，城市生活繁华似锦。唐朝后期，江南经济进一步发展，为以后南方经济水平超越北方奠定了基础。唐玄宗统治时期，鼎盛局面达到了高峰，甚至在文坛上也出现了"盛唐气象"。就当时的世界范围来看，唐帝国也是最重要、最强盛的国家之一。欧洲的封建强国主要有法兰克王国和拜占庭帝国，东方重要的国家有印度和日本，他们都远远落后于唐朝。在世界范围内，唐朝不但能够自立于世界民族之林，而且属于最先进的行列。杜甫在《忆昔》诗中写："忆昔开元全盛日，小邑犹藏万家室。稻米流脂粟米白，公私仓廪皆丰实。九州道路无豺虎，远行不劳吉日出，男耕女桑不相失。"之后，安史之乱，藩镇割据，唐代结束了它长达300多年的历史，我国又处于分裂局面。

中唐时期韩愈和李翱的哲学思想为宋明理学开了先河。韩愈、柳宗元所倡导的"古文运动"为宋代"古文运动"的第二次高潮奠定了基础。由此可见，从唐中叶开始到北宋建立，200年间酝酿了中国古代社会的重大变化，许多新事物都萌发产生于唐代。总之，唐朝经济发达、文化繁荣、国力强盛，是中国历史上继汉代出现的又一鼎盛局面，史称"强汉盛唐"；唐朝后期的发展又为中国古代社会的巨大变革开了先河。唐代确实是中华民族历史上一个光辉灿烂的伟大时代！

五代十国是在唐朝后形成的一个纷乱割据的时期，北方是有后梁、后唐、后晋、后汉、后周五代更替，南方则是前蜀、后蜀、吴、南唐、吴越等十国割据。十国之中，四川的西蜀、江南的南唐、浙江的吴越，由于未受战争破坏，成为新的经济中心。

1．文化盛期

开明的政治和昌盛的经济令唐代文化艺术一派繁荣，诗文创作空前鼎盛，涌现了"诗仙"李白，"诗圣"杜甫等大批优秀诗人和不朽诗篇；吴道子、李思训、周昉等绘画大师的优美画作；颜真卿敦厚、柳公权疏朗的书法艺术……而且，唐代科举制度日臻完备，儒、道、佛三教兼容并蓄，中外文化和科学技术交流日益频繁，墨和纸的精良为印刷术提供了物质条件，捶拓、制印技术的完善和书法技艺的进步又为印刷术的发明创造了技术条件。作为中国四大发明之一的印刷术结束了手抄本时代，从此，历史改以新的"书面形式"流传于后世。由于印刷术的发明，版画也随之得到发展，唐代版画多用于佛像印刷，世界上现存最早的有年代可考的印刷书籍，是公元868年用雕版印刷而成的佛教经文《金刚经》。隋唐时产生了集、庙会等贸易活动场所，店铺"肆"、"行"也比比皆是，为以后商业美术及广告的兴起提供了良好的社会环境基础。

外来文化与本土文化的交汇融合也是艺术造型诞生的源泉，敦煌莫高窟中千姿百态、绚丽多彩的卷草纹实际上就是在汉魏时期由西域传入我国的忍冬草的基础上创造出来的。而唐代最典型的纹样宝相花则是以我国原有的莲花为母体，融合了牡丹花和由波斯传入的海石榴花纹样的特点，而逐渐形成的一个极具中国民族风格的纹样。还有葡萄纹、番莲纹、狮子纹，都是先后从中亚一带传入我国的纹样，然而这些纹样并没有生搬硬套外来艺术的痕迹，而是融会贯通中外文化，逐渐成为了中国传统造型艺术的一部分。

2．浓装艳抹

唐代是一个武功强盛的时代，所以唐代的宫廷画家，多半画政治人物和贵族人物，或画与战争有关的马，具有昂扬磅礴的时代精神和风貌。

题材以人物画为主，反映了当时的重大政治事件，如阎立本的《步辇图》；也描绘了功臣勋将，如《凌烟阁功臣图》；相邻民族，如《职贡图》。宫廷衙署及寺观壁画也占相当比重，如表现西方极乐世界美好图景的《西方净土变相》，对后世影响深远的"画圣"吴道子的壁画"信手挥洒"而就，线描豪放健美，创造了莼菜条的"游丝描"和淡设色的吴装样式"吴带当风"，画出天衣飞扬、满壁风动的效果。

作为当时世界上第一等繁荣昌盛的大帝国，唐朝社会是统一、上升、自信、开放的，妇女地位之高历代无法比拟，仕女画形成了一个独立的画种，出现了许多知名画家，如张萱、周昉等，周昉的《簪花仕女图》（图5-9）所描写的是贵族妇女春夏之交赏花游园的情景，宫女们头戴一大朵花枝，与她们梳的高髻极为相称，髻上斜插玉簪步

图5-9　簪花仕女图

摇，额前点缀金色花子，黛色短眉，浓妆艳抹，轻纱蔽体，曲眉丰颊，体态肥胖。张萱的《虢国夫人游春图》描绘唐玄宗时代，杨贵妃的姐妹在春天出游的情形，这时的美与财富是可以相提并论的。脸上贵重的花钿越多，越能显示身份的高贵，也就自然越美，如《宫乐图》，这种畸形的审美观发展到晚唐五代，贵妇们已是满脸花钿，满头金玉了。

中国文人画的鼻祖王维用淡雅的水墨画文人雅士，如《伏生绶经图》描写一个中国古代用功读书的文人。王维的山水画影响深远，使得以后1000年间画山水多用水墨，而不用青绿了。阎立本的《历代帝王图》（图5-10）刻画了历代帝王的音容笑貌。

隋唐山水画有着多种风貌，金碧青绿与水墨挥洒并行，专门山水画家日益增多，山水画即将进入成熟阶段。隋代展子虔所画山水具有咫尺千里之妙，李思训、李昭道父子的山水画在技巧上有所提高。唐代绘画不仅大胆汲取、借鉴外来艺术的表现技巧，而且还通过中外经济文化的交流传播到其他国家，当时大食都城中有中国画工献艺，朝鲜半岛上的新罗曾在中国以高价收购名画家作品，中国绘画通过中日两国的使者、商人、留学生、僧侣等传入日本，对日本古代绘画的发展产生了很大影响。

唐代以前，中国画佛教人物，多半是佛和菩萨，可到了五代以后，画家喜画佛教中的罗汉。被西蜀皇帝封为"禅月大师"的贯休和尚画《十六罗汉图轴》，这些罗汉看起来很丑怪，有的眉毛很长，有的在山洞打坐，有的低头苦读经书，一脸愁苦的表情。这些可爱的罗汉，一点也不像高不可攀的神像，倒像是平凡的小市民，看起来十分亲切。五代时江南徐熙的田园花果和西蜀黄筌的奇花异鸟分别具有野逸和富贵两种不同风格，黄筌留下一张写生的画稿，画中有各种

鸟和昆虫，看起来像是科学家的生物研究报告，有一种科学的精神在里面。五代宫廷画家顾闳中的《韩熙载夜宴图》分五段，是南唐时最好的贵族生活写实画，不但人物肖像逼真，连器物皆一一可考。

唐代的山水画多半用线条勾勒，勾出山的轮廓。可五代的山水画中岩石的部分，除了轮廓以外，还有用毛笔擦出的一些阴影，使岩石看起来有粗糙的表面纹理，更厚重和有立体感。中原地区的荆浩、关全，都以画高峻的大山出名，岩石也比较方正坚硬；江南地区的董源、巨然画土壤肥厚，树木茂密，水气氤氲的秀润风光，他们被称为"五代四大家"，对后世山水画发展有着重要影响。

图5-10　《历代帝王图》（局部）

3. 灿烂恢宏

唐代都城长安有佛寺约百余座，规模宏伟。唐代后期，佛寺发展更快，与皇帝发生了经济矛盾，武宗下诏"灭法"，一次即毁拆官寺4600余座、私寺4万余座，可见佛寺建筑之盛。唐代以前的佛寺因遭到战争、"灭法"和自然的破坏，几乎全部不存，幸存者只有的南禅寺大殿和佛光寺大殿，都在山西五台山。它们是中国现存最早的两座木结构建筑，尤其佛光寺大殿，寺内共有殿堂楼阁120多间，规模较大，艺术完

美，具有宝贵的价值。

唐代石窟寺造像，在著名的敦煌、龙门、炳灵寺、天龙山等石窟中都有保存，雕造于高宗时期的龙门石窟奉先寺卢舍那大像（图5-11），容貌丰腴，面相慈祥，微露笑意，两侧雕有弟子、菩萨、天王和力士，整铺造像气势雄伟，体现出盛唐雕塑艺术的高度成就。高33m的北大像和高26m的南大像是敦煌莫高窟最引人注目的大型塑像。当然，唐代石窟造像中也不乏体态婀娜的佳作，特别是天龙山石窟的菩萨像，躯体形成流畅的弧曲形态，极富美感。隋唐时期金铜造像有佛、菩萨、罗汉、力士等，数量最多的是立姿的菩萨像，躯体作流畅的弧曲形，造型生动，显得身肢婀娜。石窟壁画中佛、菩萨像都是头戴宝冠、体态富有曲线，衣着轻薄长裙，有的还露出上身，显出丰润肌体，表现出女性之柔美，与刚健的天王像形成强烈对比。

图5-11 龙门石窟奉先寺

太宗李世民昭陵置有李世民生前所骑6匹战马的浮雕像，史称"昭陵六骏"。马的姿态或伫立、或缓行、或急驰，仅"飒露紫"（图5-12）一件上有人物浮雕，为唐将丘行恭为其拔箭的情景。雕工精细，形体准确，造型生动，是初唐大型浮雕的代表作。盛唐时期，俑群的人物形体趋向肥满丰腴，姿态

图5-12 飒露紫

传神。镇墓武士改作天王状，全装甲胄，体态雄健，足踏小鬼，风仪威猛。镇墓兽也从蹲坐改为挺身直立状，鬃毛飘张，狰狞可怖。女侍的形象最为传神，高髻长裙，面容丰腴，显示出唐代崇尚的杨玉环式的美感。

唐宋时期，人们逐渐改变了以前传统的席地而坐的生活方式，垂足坐的休憩方式得到普及，才出现了高型家具。唐代中国家具发展进入一个崭新的时期，家具制作向高型发展，出现许多坐式类家具，并向成套家具发展。

4. 工艺创新

瓷器一经发明就逐渐取代了漆器、铜器、陶器等而跃居主要地位。唐代有"类玉类冰"的越窑青瓷，"类银类雪"的邢窑白瓷，而低温铅釉陶器"唐三彩"更是驰名中外。

唐三彩是主要是用作陪葬的明器，实际不限于三种颜色，由于各种釉色的交融与浸润，形成美丽而斑驳的釉彩，唐三彩上承秦汉彩塑的艺术传统，以写实的手法塑造各种形象，除形似外更求神似。人物俑中，文吏的谦恭，武士的威武，胡人的浪漫，皆各具神采。尤其是各式女俑，高髻长裙，面容丰腴，身姿婀娜，仪态万千。至于动物雕塑，也极传神，特别是骏马和骆驼。骏马体态劲健，或伸颈嘶鸣，或缓辔徐行，或昂

首仁立，神骏异常，加上马具华丽，釉色晶莹，至今仍为人们所喜爱。如《三彩骆驼载乐俑》（图5-13），在体高达58.4cm的驼背上，驮载着成组的乐队和正在翩翩起舞的舞蹈家。再如将威猛的狮子，塑成蹲坐在地上，以后肢搔颈的憨态，逗人喜爱。三彩对镜梳妆俑、舞狮子、演杂技的泥俑都极生动传神，从不同角度反映出当时社会生活的真实情景。

唐代印染技术有了很大的提高，出现了蜡缬、夹缬、绞缬三种印染方法，首创了"陵阳公样"和"联球团窠纹"。由于西域文明的传入，公元7世纪的中国丝织纹样显现出强烈外来民族艺术的特色，肩生双翼的天马、面目狰狞的野猪头、顶戴大角的行鹿、颈系飘带嘴衔花环或绶带的鸾鸟。如果表现狩猎，则猎物为中国不生的狮子，倘若刻划人物，则大都隆鼻深目，显系胡人。

唐代创造性地突破了长久以来的圆形镜，发展为多式多样的花式镜，并创造了无钮有柄手镜。唐代制作金银器已很兴旺，金

图5-13　三彩骆驼载乐俑

银器已从装饰品发展到制作成名式各样的生活用品，工艺有镶嵌、掐丝等技术。

据传唐朝皇家寺院陕西扶风法门寺塔中藏佛真身指骨舍利，在1983年的地宫发掘中，出土大量唐代金银制作的香炉、香案、钵盂等日常生活用品和佛教法器。鎏金花形茶托子是隋唐金银工艺最杰出的佳作，镂空银熏炉、錾花金碗体现了唐代金银器的精湛。金银平脱是漆工与金银工相结合的装饰技艺，雕漆也是唐代漆艺的创新。

三、文明顶峰

宋朝是当时世界的大国，宋元文明是中华文明居于世界领先地位的最后时期。宋都商业极其繁荣，海上贸易频繁，闻名世界的三大发明（指南针、火药、印刷术）都完成于这个时期。宋代中国经济中心南移，这对形成细腻秀美的艺术风格产生了很大的影响。宋朝皇帝对于西夏、辽、金的侵扰，采取"安内虚外"、"重文抑武"的政策，忍辱苟安，十分软弱，鼓吹"存天理，灭人欲"的思想，艺术设计缺乏宏博华丽的雄伟气魄，是一种平淡自如，条达舒畅的风格。

北宋年间，虽然战乱连连，但由于其统一了全国的大部分地区，使得有些地区相对安宁一些，故而生产力和科学技术都有了明显的进步，作为我国四大发明之一的活版印刷术，就是其中杰出的代表。此外，在宋朝时火药被首次应用于军事。不仅科学，宋在文学艺术方面，更是名人辈出。宋朝的科举制度使文人得到了可以自由发展的空间。其中，较著名的文人有王安石、范仲淹等人。而宋朝的词作品也已达到了极高的水平，它与唐诗并称为我国古典文学艺术的瑰宝。在绘画、书法艺术上，当首推张择端的《清明上河图》，这幅长卷通过描绘汴京的风俗，使近六百人跃然纸上，成为中国绘画史上不朽的佳作。南宋王朝极其懦弱，偏安一隅，从赵构开始，一朝皇帝全

无作为，奸臣当道，堪称最软弱的王朝。高宗即位的第二年，金国继续大举南侵。宋高宗以纳贡称臣为代价，换回了东南半壁江山的统治权。金灭亡之后，南宋不仅没有由此换来一时的安宁，反而又将面对更为强大的敌人——蒙古。建国号为元的蒙古于1276年攻占南宋都城临安（今杭州），南宋王朝走向了灭亡。

元朝疆域宽广，但统治残暴，致使王朝短命。蒙古族以其强大的武力将其控制范围扩张至整个西亚地区，成为中国有史以来疆域最大的王朝。

1. 腻秀之美

宋元的文化艺术空前发展，"宋词"、"元曲"是中国文学史上的瑰宝。皇帝赞助艺术活动的政策在宋徽宗时达到最高峰，他是北宋最后一位皇帝，由于过分沉迷于绘画与古物而忽略了国政。他设置画院，扩充机构，招揽人才，给画家授以职衔，从而使宋代成为历史上宫廷绘画最兴旺、最活跃的阶段。宋徽宗赵佶还亲自出题，以最能应用新颖与暗示性方式来表达诗意的作品为上品，如题目为"竹镇桥边一酒家"，第一名的画家并不直接描写酒家所在，而是画一丛竹林中升起的酒家招牌。但同时宋代画院建立了一种死板严谨的宫廷作风。

中国传统绘画的构图不像传统西洋画那样采取静止的焦点透视，而常常是大胆自由地打破时间空间限制，达到咫尺千里之妙。与西洋画家忠于物像的透视准则相比，中国画家更注重发挥个人的主观能动性，在处理构图时常使用类似鸟瞰式的观察方法和左右移动视点的独特方式，以及高度提炼概括的手法，来处理纷呈繁杂的自然物像，因而产生了描绘城乡广阔地域风情的《清明上河图》（图5-14），气势磅礴的《长江万里图》，景色连绵的《千里江山图》等。以景物连缀出不同时间的情节，

图5-14 清明上河图（局部）

成为中国传统绘画的特征之一，这种出色的技巧和手段，日益为现代艺术所借鉴。画面结构讲究疏可走马、密不透风，艺术上注重画外之意，一树一石，寥寥几笔，引起无限遐想。

在唐宋以后，中国的绘画最讲究师承。因为绘画的技法越来越复杂，学习绘画的人，在创新之前，必须先学习前人的成就，继承传统。宋代的哲学被称为"理学"，理学中有一派特别重视儒家的"格物"。所谓格物，也就是对每一件事物，都用非常认真的方法去分析和研究，宋代将这种精神应用在绘画上，就产生了许多非常写实的、严谨的绘画。宋代的"格物"精神从细小的一只鸟、一朵花开始，最后扩大成为对宇宙自然全面的观察研究，因此也产生了中国绘画中最好的山水画。这时画家辈出，各有专长和创造，北宋李成的寒林平远，范宽的崇山峻岭和雪景，许道宁的林木野水，郭熙描绘四时朝暮、风雨明晦的细微变化，惠崇、赵令穰的抒情小景，米芾、米友仁父子的云山墨戏，李唐、马远、夏圭高度剪裁而富有诗意的山水反映了山水画艺术的不断变革和发展。

宋元绘画技巧有不少成功的创造，画家注意对生活的深入观察体验，艺术上倡导写实，具有精密不苟严谨认真的精神，但在创作中又注重提炼取舍，要求形神兼备。

两宋的山水画经过写生的观察训练，对每一种岩石的质地、皴法都作了研究，对水的波纹、树叶的构成、甚至季节的变化，都仔细加以观察分析。范宽住在陕西，常画关中平原上非常高大的山，他的《西山行旅图》画面很大，山势雄伟，可在描写细致的人物、驴子、建筑物时，却一点也不马虎。赵孟頫(fǔ)在宋亡之后隐居湖州，后北上做官，他的《鹊华秋色图》用一丝不苟写实的方法描写山东济南郊外的鹊山和华不注山的风景，使人一望便知。元代黄公望的《富春山居图》（图5-15），画家实地观察研究，用好几年才画成，用笔流利极富变化，山峰有时靠近，有时推远，有时就在面前，有时又远在天边，给人一种安静平凡的意境。

宋代重视文化，不重视武力。宋代的宫廷画家就努力于描画世界上和平美丽的一面，留给世人都是花的色彩和芬芳。北宋赵昌的设色折技花卉，易元吉的猿猴，崔白的败荷凫雁，以赵佶为代表的院体花鸟画都具有高度水平；南宋梁楷、法常的花鸟画已开水墨写意之先导。文人学士中流行的墨竹、墨梅、墨花、墨禽更注重表现主观情趣，与民间画工及宫廷花鸟画的高度写实、刻画入微的画风迥然不同。宋代绘画更重视提炼概括，形神兼备，当时的一些花鸟画家，为了创作不仅亲自莳花养鸟和深入自然，而且向园丁请教，具有虚怀若谷的美德。

图5-15　富春山居图

文人学士把书画视为高雅的精神活动和文化素养，宋代的文人士大夫画家，本身具备丰富的艺术修养，很注重人物内心世界的刻画，喜怒哀乐皆表现得很真切，如李嵩的《听阮图》中的人物有书卷气，素妆淡雅。中国传统绘画既要求画家重视修养，读万卷书；同时又要重视丰富生活的体验和感受，行万里路。要求诗、书、画的完美结合，要有诗一般凝炼而富有感情色彩的形象和意境。元代以后，更注重书画题跋，使画面境界因诗而丰富提高，达到借物抒情言志、诗画珠联璧合的境地。诗、书、画多种艺术形式的聚合，是中国传统绘画独具的特色。一些文人画家侧重于神似而不拘泥于细致刻画，北宋李公麟在纯用墨线勾染的白描手法上作出贡献，他的《维摩诘图》虽廖廖数笔却惟妙惟肖；南宋梁楷的减笔画着力追求用高度简练的笔墨表现丰富的内容，他的《太白行吟图》虽逸笔草草却言简意赅。

2. 市井生活

北宋初年，国家统一，社会安定，经济发展，手工业和商业发达，促进了都市的繁荣和市民文化的抬头。而宋太祖巩固中央集权的"杯酒释兵权"和优赐功臣宿将、降王降将并鼓励其"歌儿舞女以终天年"的措施，迫使失去实权的达官贵族沉溺于歌舞升平的寻欢作乐之中，极大地刺激了以勾栏瓦舍为中心舞台的世俗文化生活。

（1）民间年画

年画是中国民间传统绘画中一门独立的画种，它起源于远古时代的原始宗教，孕育于汉唐文化高度发展的过程之中，形成于宋代繁华的都市生活。中国年画历宋、元、明、清诸代，不断发展、充实、提高，是反映各历史时期世俗民风的一面镜子。

但是，年画自诞生之时起便受到历代画论——文人论画的"虐待"，以至作者名不见经传，作品难登高雅之堂。基于"一年一换"的习俗和经营者薄利多销的手段，年画大都质量低劣，制作鲜有精细者。加上朝代更迭，兵荒马乱，穷苦百姓购买力低下导致年画艺术常遭创伤，行业凋零，艺人流离失所……

商周时代，祭奠包括门神、灶神在内（图5-16）。汉代门神大多直接绘于门上，今固不存。演至隋唐门神题材揉进了药叉、天王、力士等形象，也显露出世俗化端倪。一是门神画中开始出现妇女、美人等世俗形象，二是作为守护天子至高无上权威的宗教象征的门神开始遭到大众嘲笑，新的宗教形象"钟馗"由于具有唐玄宗所想象的捕吃恶鬼的功能，很快普及民间，成为祈望禳灾避祸的世俗崇拜对象。宋代繁荣的市俗文化为年画的发展提供了良好的客观条件，也为年画组织起庞大的观赏阶层——民间大众，值得一提的是雕版印刷广泛运用，奠定了年画艺术广为传播的坚实基础。宋代年画多以"坊市行货"方式进入流通领域，激烈竞争迫使民间艺人、作坊画工们在技艺上精益求精。年画艺术虽为封建文人所不齿，却赢得千百万城乡民众的钟爱，以致绵延千余载而不衰亡，渗透到城乡各个角落，成为人民大众点缀岁时节庆的必需品。

（2）私家园林

随着宋朝廷的南迁临安，大批官吏、富商拥至苏杭，造园盛极一时。私家园林集中在南方，是因为南方地区具有造园的自然经济与人文的诸方面条件。建造山水园林需要山和水，尤其是水，山无天然山还可用土和石堆筑，但无天然水源，虽挖地三丈也不成池沼。江南江流纵横，河网密布，水源十分丰富。气候温和，冬无严寒，空气湿度大，适宜生长常青树木，植物花卉品种多。园林是一种文化建设，还需具备人文条件，江南自古文风盛行，南宋时盛行文人画与山水诗也是当时流行营造园林的一个原因。

宋代家具制作出现三个特点：第一，垂足而坐的椅、凳、墩等高型家具成为人们日常生活中普及的习俗；第二，家具结构确立以框架结构为基本形式；第三，家具在室内的布置有了一定的格局。因此，宋代家具十分注重外形尺寸和结构与人体的比例关系，工艺严谨，造型优美，使用方便。造型淳朴纤秀、结构合理精细是宋代家具制作的主要特征。

3. 千峰翠色

宋代是我国陶瓷史上最为辉煌的一个时代，前所未有的庞大瓷业系统形成名窑名品，开创了陶瓷美学的新境界，使中国瓷成为举世无双的世界级珍品、人类文化的杰作。

宋瓷是当时知识分子所作，欣赏对象多为文人阶级，而宋代文人比中国历史上任何一个时期都具有高度的文化修养。唐瓷较厚重结实，清瓷较精细完美，宋瓷釉色特殊，具有纯真古典的造型美，在中国早期陶瓷粗壮与后期细腻之间获得一个完美的平衡。

（1）五大名窑

图5-16　门神、灶神年画

我国的瓷器诞生于东汉，到了赵宋时代，手工业有了新的发展，制瓷业的发展尤其显著。当时有举世闻名的五大名窑，即定、汝、钧、官、哥窑，古代聪慧的制瓷匠师们把我国的陶瓷百花园打扮得姹紫嫣红、争奇斗艳。

以烧造白瓷著名的河北曲阳的定窑瓷器，质地洁白细腻，造型规整而纤巧。装饰以风格典雅的白釉刻、划花和印花为主，纹饰布局严谨、线条清晰。通常一个耐火容器——匣钵内只能装烧一件器物，定窑工匠采用覆烧法，一个匣钵内利用多层垫圈可放数件器物，这种方法既能提高产量，又能节约大量燃料。但是这种方法烧成的瓷器盘碗口无釉，俗称"芒口"，为弥补此不足，往往在口部镶上金、银或铜。《宋孩儿枕》是定窑中最有名的代表作（图5-17）。

河南临汝的汝窑瓷器胎质细腻，俗称"香灰胎"，带有较细纹片，通体施釉，釉色晶莹似玉，"色近雨过天青"，底部有用细钉支烧的痕迹。素身多，极少以花纹作装饰，造型端庄。汝窑的烧制时间短，一直都作为贡品，所以民间流传甚少，南宋时已属"难得"之物，视为珍品。

河南禹县的钧窑烧造的一种复杂的花釉瓷，是一支异军突起的名窑，胎质细腻坚实，造型端庄古朴，其釉色若玫瑰娇艳，间以紫红和青蓝，极尽绚丽灿烂。并创烧成功

图5-17　宋孩儿枕

铜红釉，看来五彩斑斓、璀璨夺目，它不是人工涂染，而是通过"入窑一色，出窑万彩"的"窑变"，往往带来意想不到的神奇色彩，形成了各种自然、神妙的图画。线条明快，极富流动感，有的宛若去雾高山，又似峡谷飞瀑、翠竹生烟，光怪陆离，引人入胜。

宋室南迁临安后，为了满足宫廷和达官贵人的用瓷需要，建立了临安府凤凰山、乌龟山下官窑。南宋官窑制品造型端庄，线条挺健，釉色有粉青、月白和米黄等多种。其釉面上布满纹片，这种釉面裂纹原是瓷器上的一种缺陷，后却成为别具一格的装饰方法，因而名噪一时，纹片形状有冰裂纹、鱼子纹、百圾碎等。瓷器的底足部为铁褐色，口部呈紫色，称为"紫口铁足"。

据史料记载，浙江龙泉南宋时有章家二兄弟，均以陶为业，各主一窑，兄所主之窑名哥窑，弟窑亦称龙泉窑。哥窑瓷器里外披釉，均匀光洁，晶莹滋润，不仅扣之瓷音清亮，而且造型挺拔大方，轮廓亦柔和流畅。它的胎质呈黑色，细腻、坚实，釉面浑厚滋润，通体以釉料的开片为饰，形成鱼子纹和百圾碎，多有缩釉小坑，纹片呈黑、黄二色，俗称"金丝铁线"。

（2）釉色斑斓

除五大名窑外，还有生动奔放，刚健清新的民间磁州窑；润泽清莹如玉类冰的龙泉青瓷；粗放健美生动有力的耀州窑；驰名中外的景德镇"影青瓷"以及漆黑发亮间有"兔毫"的建窑黑瓷等，不胜枚举。瓷器造型多种多样，尤以梅瓶与玉壶春造型最为出色。

陕西省铜川的耀州窑青瓷的胎色为灰褐色，釉面光润肥厚，釉色青绿，器底胎釉交接处呈现黄褐色，这是鉴别耀州青瓷的最主要依据。其主要特色是装饰上具有浅浮雕的艺术效果，运用印花、刻花、剔花及划花等技法，花纹有莲花、缠枝花卉等，刀

法熟练，刀锋圆活，犀利有力，主次分明。主花纹的刀锋较深，陪衬部分刀锋则浅，均有一定倾斜度，层次清楚，立体感强。

江西省吉安的吉州瓷以黑釉瓷最为有名，其胎骨粗松、体质厚重，釉色深者如漆，浅者似酱，纹样有洒釉、木叶、剪纸贴花、玳瑁等。剪纸贴花是广大农村在喜庆佳日时用来装饰居室的一种民间艺术，吉州窑工匠把它成功地移植到黑釉瓷上，看来赏心悦目，别具一格，这是我国制瓷史上的一大发明。玳瑁釉是一种窑变花釉，呈色变化无穷，鹧鸪斑花釉颜色斑驳灿烂。吉州窑瓷器的施釉甚不规则，往往胎脚露出胎骨，露胎处可见修胎时不工整的刀印痕迹，显示出生硬的棱角。

宋室南迁后，士大夫云集临安，出现了偏安的表面繁荣。为了满足上自达官贵人，下至庶民的需要，龙泉瓷工吸取了历代名窑的优秀传统技艺，烧制出精致优雅的青瓷。传说中的龙泉哥弟窑中的弟窑，即是龙泉青瓷窑的青瓷，瓷胎坚硬细密，以白色胎为主，由于烧成温度的差异，又有深灰和浅灰色的瓷胎，其釉色以梅子青和粉青最佳。

河北省磁县的磁州窑产品是宋代民间瓷窑的杰出代表。产品大多是日常生活用品，尤以瓷枕造型最为丰富多彩。白地黑彩的装饰异常醒目，它把制瓷工艺和书画艺术结合起来，画面生动活泼，线条流畅，形成了磁州窑的特色。表现题材有人物、动物、花草、虫鱼等，具有浓郁的民间气息，格调朴实粗放。磁州窑匠师往往将日常生活的感受概括起来，用简洁的笔法画在瓷器上，富有生活情趣和幽默感。

影青瓷又称青白瓷，是宋代江西景德镇制瓷匠师的一大创造。其釉色淡雅釉面明澈丽洁，胎质坚致腻白，色泽温润如玉，所以历史上有"瑕玉器"之称。色调雅致大方的青白瓷釉里藏花，若明若暗，给人以无穷韵

味。青白瓷曾风靡一时，行销海内外。

（3）青花釉里红

宋元时期工艺美术其他种类也取得了许多新成就。元代首创了釉里红和青花瓷器，通经断纬的缂丝可谓"神工"，纳石失可谓金碧辉煌，张成、杨茂的雕漆为传世佳作。

青花瓷历史悠久，元代江西景德镇已能生产清丽、雅致的青花瓷。青花瓷虽然色泽单一，但看来并不觉得单调。在绘瓷艺人的生花妙笔下，浓抹淡施、粗细有致；或刻意求工，层次分明；或寥寥数笔，都感到美不可言。出神入化的青花瓷，受到世界各地爱好者的欢迎。早年通过古道"丝绸之路"，陆续远销地中海沿岸各国。明代航海家郑和七次下西洋，又带着大量青花瓷遍及越南和马来半岛的30多个国家。

釉里红是元代江西景德镇创烧的一种釉下彩绘。它以铜的氧化物为着色剂，高温还原后呈现红色。但真正色彩鲜艳的极为罕见，这是因为它的制作过程复杂。古代瓷工在制作釉里红瓷器时，先要在瓷坯上描绘图案，然后施上一层透明釉后，再进窑在1300℃左右的高温中一次烧成。

元代是中国漆器工艺史上的辉煌阶段，雕漆工艺能人大量出现，最为出名的有张成、杨茂、彭君宝等人，他们均以刀法深峻，风格瑰丽著称于世。尤其是张成和杨茂的漆器传到日本后，对该国木漆品工艺产生巨大影响，他俩创作的漆器精品，被日本美术史专家称赞是"诚无上之作品"。

4. 商业美术

宋初执行了重文轻武的政策，文化和学术空气十分活跃，从宋太祖开始，举国上下都崇尚儒术，提倡理学，并尊佛道，大兴书院，带动和促进了宋代雕版印刷业的大发展。宋版书的字体是后世各种印刷字体的源始，印本书的装帧技艺由经折装、旋风装过渡到册页装，有蝴蝶装、包背装和线装

三种装帧形式。1041年，毕昇发明了活字印刷术，比德国古登堡早400年，活字印刷被称为"文明之母"。

宋代出现了广告的繁荣。行商主要指走街窜巷，巡回销售，如叫卖。这种通过声音传播信息的方法非常普遍，如油拌子（卖油）、拨浪鼓（卖布）、磨刀（卖铁花镰刀）等。宋朝"听梅思酒"是一种助乐广告，通过吟梅花曲以达到卖梅花酒的目的，是现代音响广告的渊源。当行商成为一种行业时，出现了广告，即坐商，开店设铺，等客上门。除灯笼广告、悬物广告、彩画匾额外，还有"插四时花、挂名人画，装点店面"的南宋临安茶肆和以此"留连食店"的汴京熟食店。一些商家把茶摊、响盏作为广告道具，说明中国最早的店面装潢设计已经在宋代盛行开了。《清明上河图》描绘了汴州街头各种竖牌、挂幅，说明视觉广告至少在1000年以前已普遍使用。中国历史博物馆藏宋代铜版印刷《济南刘家工夫针铺》是我国迄今发现的最早的文字广告，上绘白兔捣药图案，寓商标、品牌名、广告语于一体。宋代我国已生产和使用包装纸，如"八角包"、"茶衫子"等。民间艺术中的年画可谓驱邪避灾、迎福纳祥的招贴，以山水竹兰为题材的绘画作品日趋商品化，具有宣传画的特点。

第六章 辉煌与没落

第一节 胜利的人文主义

一、文艺复兴

14世纪初的欧洲是一个旧思想威信丧尽，新思想呼之欲出的时期。人们对中世纪以来的禁欲主义、教会的思想束缚以及一切权威和传统教条都深恶痛绝，追求科学，以复兴古希腊罗马文化相标榜，大力倡导人文主义和人道主义。新思想层出不穷，哥白尼的日心说、哥伦布的地圆说、伽利略的数学和实验科学使人们重新认识了宇宙。科学、文学和艺术的激情在高涨，这是一个呼唤巨人、产生巨人的时代。

文艺复兴源出意大利语"rinascita"，意为再生或复兴。14世纪时，新兴资产阶级视中世纪文化为黑暗倒退，希腊、罗马古典文化则是光明发达的典范，力图复兴古典文化。

文艺复兴虽以学习古典为特点，却绝非单纯的复古，实质上是通过学习古典的途径创造新文化。中世纪宗教神学笼罩一切，被教会控制的艺术基本上是非现实主义的；反封建的文艺复兴新艺术主要以贯彻现实主义和体现反对宗教禁欲主义的人文主义思想为宗旨。人文主义强调人性崇高与身心的全面完美，重视世俗的现实生活，反对神学权威和封建特权。

在造型艺术方面，它以写实传真为首务，开创了基于科学理论和实际考察的表现技法，如人体解剖和透视法则等，从而使它得以达到古典艺术之后一个新的高峰。

在建筑艺术方面，它以恢复古典建筑传统为首任，同时着重探讨建筑美感的理性法则，从而奠定了西方近代建筑延续数百年的典范形制。在社会身份和专业教育方面，文艺复兴的艺术家也经历了从中世纪转向近代的演变。

1. 巨人时代

文艺复兴以意大利为中心，陆续在西欧传播发展。意大利的但丁、英国的莎士比亚和西班牙的塞万提斯，在他们的著作中都反映了人文主义的道德观。在绘画领城更是巨人倍出。

佛罗伦萨的乔托首先给意大利绘画注入了生命力，在艺术领域内掀起了声势浩大的革新运动。乔托门生众多，大受人们欢迎，形成乔托画派。他擅长在宗教题材中表现世俗生活，开始注意空间深远关系和人物立体造形。马萨乔首次把透视和人体结构的科学技法用于绘画创作，作品气魄宏伟，形象浑厚坚实，充分体现了新时代的精神，代表作《纳税钱》成为日后所有文艺复兴大师学习的楷模。波提切利着重空间的透视表现和人物的坚实造型，抒情诗般的线条使他的作品精深博雅。

16世纪意大利美术达到繁荣的顶点，文艺复兴三杰达·芬奇、米开朗基罗和拉斐尔取得了前所未有的成就。他们的艺术创作反映了更为广阔的生活内容，对古典文化的吸收更为深刻和丰富。达·芬奇熔艺术与科学于一炉，他的绘画既有巧妙的艺术加工又有深厚的科学探讨，既逼真精绝而又富于气韵。他生平完成的作品不多，但件件皆属不朽之作，尤以《最后的晚餐》、《蒙娜丽萨》最为著名，被推为西方绘画杰作之首。米开朗基罗则在雕刻、绘画和建筑三方面都留下了最能代表盛期文艺复兴水平的典范作品，雕刻有《哀悼基督》、《大卫》、《摩西》等，绘画有西斯廷礼拜堂的壁画《创世纪》（图6-1），建筑则有圣彼得大教堂的圆顶。他以雄伟壮健极富英雄气概的人物形象反映了新时代进步势力的信心与力量，显示了艺术家在写实基础上非同寻常的理想加工，并着重人体的强力表现，为西方艺术奠定了最有特色的传统。拉斐尔则以秀美典雅的风格著称，他的构图和谐，人物情态自然，最能体现人文主义的完美理想，代表作有梵蒂冈教皇宫的一系列壁画以及许多备受欢迎的圣母像，例如《西斯廷圣母》（图6-2）、《椅中圣母》等。拉斐尔的圣母形象谦和静雅，寓崇高于平凡，彻底摆脱了宗教神秘气息，被誉为善和美的化身，是意大利美术最成功的典型。

能和达·芬奇等并驾齐驱的是威尼斯画派的提香和乔尔乔涅。提香的创作生涯在所有文艺复兴大师中最为漫长，成果也最丰富，作品以健美丰盛取胜，色彩亮丽，俗称"金色的提香"。乔尔乔涅精于描画风景，境界高雅。

佛兰德斯画派之父的凡·爱克改革了绘画颜料，首先使用了油画技法，他的《阿尔诺芬尼夫妇像》写实得精确细微，是当今结婚照的原型。德国丢勒、荷尔拜因等都是

图6-2 西斯廷圣母

西方版画史上最负盛名的大师，丢勒写真传神的技艺和荷尔拜因冷静洒脱的风格都是文艺复兴时期辉煌的瞬间。西班牙文艺复兴绘画代表格列柯的作品包含着深刻的哲理和人文主义思想，他不想粉饰现实，也不愿歌功颂德，而是独辟蹊径，创造出神秘而激荡的新形象。16世纪最有成就的尼德兰艺术大师却是有农夫之称的勃鲁盖尔，他不仅善于描绘农民的生活情态，而且作品意境高远，幽默之中隐含讥讽，如《绞刑架下的舞蹈》，从空中鸟瞰角度展示林野风光，近景诙谐的舞蹈情节与远景幽静完美的山水相辅相成，富于诗意。

2. 宏伟壮观

文艺复兴时的佛罗伦萨群星灿烂，产生了许多世界建筑史上的第一流大师。

建筑家伯鲁涅列斯基首倡实地考察古典遗迹，在建筑设计中充分运用古典柱式，

图6-1 创世纪（局部）

仿效古典建筑的开朗和谐，抛弃哥特式宗教建筑的奇幻神秘。他继续主持佛罗伦萨大教堂的修建工程，完成了该工程最棘手的项目——大圆顶的设计与建造，并建造了佛罗伦萨育婴堂和圣克罗切教堂的帕齐礼拜堂等一系列具有典型文艺复兴风格的建筑物，成为新建筑界的楷模，影响极其深远。

16世纪的建筑大师布拉曼特和帕拉迪奥是西方当时建筑中古典风格的主要代表。他们在细部形式和整体风格上都更能吸取希腊罗马古典建筑的精华，并能学古创新，所作皆以和谐匀称、高雅清秀取胜。布拉曼特努力探求中心型建筑的理想结构，认为它是最适于体现人文主义思想的形式，这也是达·芬奇和米开朗基罗等同代大师共同的追求。在主持梵蒂冈圣彼得大教堂新建工程时，布拉曼特就把这座基督教世界的最大教堂设计为宏伟的中心型建筑，上以圆顶为盖。但工程只进行到砌墙基时他便去世了，以后持续达100余年，到巴洛克时代才告竣工，只有米开朗基罗设计的圆顶是这个工程在16世纪取得的最大成就。但是布拉曼特的建筑理想已体现于罗马蒙多里奥圣彼得教堂的小庙上，这座带有古典柱廊的圆形建筑规模虽小，却气象端庄，比例完美，予人以极大启迪。帕拉迪奥则在丰富的建筑实践之外，还写有《建筑四书》这部极重要的理论著作，日后数百年间一直是古典主义建筑学派的基本教科书。他的代表作有维琴察巴西利卡大厅、圆厅别墅等，圆厅别墅布局讲究对称之美，在房屋四面各置一古典柱廊，内部正中构成圆顶大厅。远睹近观皆不失和谐高雅之趣，在西方建筑界影响深远。

意大利文艺复兴建筑的标志是佛罗伦萨主教堂的穹顶，它突破了天主教以拉丁十字作为教堂的规范，而把东部歌坛设计成集中式的、八边形的，用穹顶罩盖，在当时哥特式建筑林立的西欧是前无古人的创举。这时的建筑物逐渐摆脱了孤立的单个设计，注意到建筑的完整性，如圣马可广场。

而最伟大的建筑是圣彼得大教堂（图6-3），这座天主教教堂位于梵蒂冈。1506年初建时，所用方案由布拉曼特设计，为十字型集中式教堂。1547年米开朗基罗受命主持这项工程，他保持了原设计的形制，但加大了结构。教堂建造到鼓座时，米开朗基罗逝世，留下了穹顶的木制模型，由后继者基本上按这个模型建成了中央穹顶。由于教皇保罗五世的坚持，后又在米开朗基罗主持建造的集中式教堂前面加了三跨的巴西利卡式大厅。17世纪中叶，贝尼尼在教堂前面建造了环形柱廊，形成椭圆形和梯形两进广场，整个教堂成为规模极其宏伟的建筑群体。圣彼得大教堂的穹顶直径为41.9m，穹顶下室内最大净高为123.4m。在外部，穹顶上十字架尖端高达137.8m，这在当时堪

图6-3 圣彼得大教堂

称工程技术的伟大成就。教堂正立面有8根柱子和4根壁柱，女儿墙上立着施洗约翰和圣彼得等11个使徒的雕像，两侧是钟楼。教堂外部总长211.5m，集中式部分宽137m，总面积达49737m²。教堂为石质拱券结构，外部用灰华石饰面，内部用各色大理石，并有丰富的镶嵌画、壁画和雕刻作装饰，大多出自名家之手。穹顶下方正中高高的教皇专用祭坛上面，是贝尼尼所作的铜铸华盖，为巴洛克美术的重要作品。右侧厅一礼拜堂里，陈列着米开朗基罗的著名雕刻《哀悼基督》。圣彼得大教堂的建造历经200余年，它是众多艺术家、工程师和劳动者智慧的结晶，是世界上最大的教堂，也是意大利文艺复兴时代不朽的纪念碑。

西方古典园林与中国古典园林有很大的不同，文艺复兴时期的西方园林主要以意大利台地园为主。意大利多丘陵山坡，往往有连续几层的台地，由于这些特殊的地理条件和气候特点，意大利台地园本身就是一个巨大的户外起居间。它呈几何形体，以建筑为中心，以中轴线为主轴，为使中轴线富于变化，添设水池、喷泉、雕塑、壁龛等，向外却逐渐减弱其严谨的规整性。在上面台层上设置拱廊、凉亭及棚架，既可遮阳，又便于眺望。波波里花园是佛罗伦萨美第奇家族中最大、最完整的一座意大利台地式庄园。

3. 神奇发明

直到15世纪前，欧洲人的所有书籍都还是手抄本，抄写的困难显然阻碍了文化的普及。直到1450年德国的古登堡终于在西方第一次实现了铅字的活字浇铸，给欧洲大陆带来了无法预想的巨变。印刷术的引入，也使广告出现了飞跃，世界公认的第一份报纸广告是1625年刊登在英格兰《每周新闻》的出售书籍的介绍。1630年，巴黎一个医生开设了一家特殊商店，任何人只需花3个苏，就可在商店门口贴出一张广告，内容听便，这似乎是世界上第一家广告公司了。1501年首创袖珍开本书籍"口袋本"，书籍日益成为人们日常的读物。意大利文艺复兴在平面设计上广泛采用花卉图案，文字外部全都环绕着装饰。1742年的第一本字体手册《印刷字体》收集了4600种字体，采用洛可可风格。现代字体，即新罗马体由意大利波多尼设计，字体清晰典雅，更具良好的可视性与传达功能，体现出简明大方的新风格。

4. 精美绝伦

文艺复兴的实用工艺开始真正渗透到广大人民的物质生活领域。首先是手法写实，造型严谨的马略卡式陶器，之后被趣味独特的田园风味的陶器所取代。《金制御用盐缸》反映了市民阶级的富裕生活。《豪华银杯》洋溢着华贵高雅的宫廷气息。家具工艺失去了早期简洁单纯的特征，而日趋豪华精美。

二、畸形之珠

在自然科学的发展和对新世界的探索中，一种打破常规的"巴洛克"风格产生了。在葡萄牙文中，"BARROCO"是一颗七扭八歪的大珍珠，珍珠受了病，长得一点也不美。文艺复兴时期的男男女女，有感于这一大堆奇形怪状的大石头的来临，他们并不太看得起这种建筑风格，因此以"巴洛克"名之，带有讥讽之意。巴洛克艺术与优雅和谐的古典艺术相对立，追求标新立异的表现，它具有气势雄伟、生机勃勃、强烈奔放的特征，同时洋溢着庄严高贵、豪华壮观的气韵。巴洛克风格起于宗教改革的爆发，终于路易十四驾崩，风行了约150年。

1. 完美结合

卡拉瓦乔敢于真实地、不加粉饰地描绘现实生活，表现下层人物激动不安的热情，人物的衣着打扮、周围的生活环境皆带有泥土的芳香,他喜纵深透视画法,创造了一种强调明暗对比的酒窖光线画法。西班牙的委拉斯贵支虽是宫廷画家,但却愿意接近下层人民,其大量的肖像画体现了他刚正不阿的品德和对下层人民的热爱与同情,如《纺纱女》,《玛格丽特公主》颇具个性特色地描绘了宫女、王室滑稽演员和侏儒,《教皇英诺森十世》带有明显的嘲讽意味。佛兰德斯的鲁本斯擅长描绘朴实、健康的人物,动感强烈,像带着一团火。

荷兰的哈尔斯一生倍尝失意和辛酸之苦,84岁还一贫如洗,他笔下的人物身体苗壮、充满活力,他的画风痛快淋漓,用色很薄,不是画出颜色,而是向人们提示有那种颜色。另一位享誉世界的荷兰绘画大师伦勃朗在阿姆斯特丹作画的头10年,是该市最受欢迎的画家,但当他为民兵连军官画集体肖像《夜巡》(图6-4)后,事业就走了下坡路,原因是当时的客户需要没有个人意志的画像作为照片留念,伦勃朗不但使作品带有戏剧性色彩,而且显示了他处理光线和阴影的精湛技艺。

2. 路易十四

"太阳王"路易十四倡导重商主义政策,使法国成为全欧中心,在文学艺术上具有领袖群伦、举足轻重的地位。他头戴大型

图6-4 《夜巡》

假发,脚穿红跟便鞋,一副至高无上的文雅气派。当时的贵族如何生活,住什么样的房子,遵循什么礼节,戏剧、音乐、歌剧、芭蕾舞等无一不可直接追溯到路易十四为首的宫廷。同时,他创办王室绘画和雕刻学院、建筑学院、音乐学院等,在扶植艺术上他呕心沥血。

在路易十四执政时代,为了显示王权的庄严、伟大,不惜重资建造了著名的凡尔赛宫。这座皇家别墅和花园在沼泽上建成,它由一个南北长达580m,有375个窗子的建筑和一个面积达670hm²的花园组成。以中央大理石院为中心,有三条放射形林阴道,室内装饰的奢华,更是无以伦比,可同时容纳一万人居住,它把静谧的节制和对称与豪华宏伟的气派平衡起来,堪称欧洲皇家花园的典范。作为17世纪典型的法国古典园林,凡尔赛宫企图以宫苑体现皇权的尊贵,位于放射线道路焦点上的宫殿、延伸数千米的中轴线,处处体现了惟我独尊、皇权浩荡的氛围。花园中都不种高大的树木,为的是在花园里处处可以看到整个府邸,而由建筑内向外看,整个花园尽收眼底,组织在条理清晰、秩序严谨、主从分明的几何网格之中。园林完全人工化,设有许多瓶饰、雕像、泉池等,大量的静态水景以辽阔、平静、深远的气势取胜。

巴洛克艺术的主要成就反映在教堂和宫殿建筑上,它所追求的是把建筑、雕刻和绘画结合成一个完美的艺术整体。这种风格富有想象力、炫耀财富、趋向自然,创造出许多出奇入幻的新形式。罗马建筑师波罗米尼设计的圣卡罗教堂具有波浪形立面和充满随意曲线的室内,通常被认为反映了建筑师的迷失心态及戏剧性的想象力。巴洛克的室内装饰,大量使用壁画和雕刻,并在壁画中运用透视法来扩大视觉空间,画面色彩鲜艳明亮,动态感强,大量使用人

像柱、半身像、牛腿、人头的托架等，尽可能与建筑融合。巴洛克发展到高峰期，演变成混乱的几何形、眩目的舞台透视背景、狂野的世俗形式及炫耀自我结构的大杂烩。虽然追求奢华的外表，但室内空间并不真正适合人的居住，结构令人眩晕，卫浴设备很差。

意大利宫廷雕刻家和建筑师贝尼尼的作品体现了巴洛克艺术的炽热精神。他擅长把雕刻与雕塑结合在一起，圣彼得大教堂前的广场上的柱廊洋溢着巴洛克风貌，每排有四根巨柱，共有柱子284根，柱上还有165个雕像，柱子密密层层，光影变化剧烈，富有动感，对视觉产生强烈的影响。罗马维多利亚教堂的《圣苔列莎幻觉》群像宣扬上帝同人之间的神秘的爱，《阿波罗与达芙妮》男女主人公处于乘风追月的运动之中，给人以轻快、温柔和不安的感觉。

3. 形式多变

巴洛克时期的工艺美术注重外在形式的表现，强调形式上的多变和气氛的渲染，充满着强烈的动势和生命力。荷兰的德尔夫特陶最初以白地蓝彩纹样为主，近似中国青花瓷，随后流行彩绘陶，其造型完全按照欧洲人的生活习性和欣赏习惯设计，《蓝彩花鸟纹陶砖》是德尔夫特的代表作。德国《磨花玻璃高脚盖杯》透着晶莹明澈的自然情调。法国的"豪华型"家具在桌、椅、床上都罩以华丽的织锦、四柱和天盖也镂刻精细，意大利的橱柜或桌子底部深沉而上部轻盈，一般都饰刻裸体雕像、狮或卷轴。壁毯《路易十四加冕式》人物众多、场面壮观，更像一幅完美的绘画。

4. 世俗音乐

巴洛克音乐否定了中世纪和文艺复兴时期教堂的复调音乐，有意使强弱、刚柔的节拍交替出现，形成强烈的对比和鲜明的节奏感，力图表现人们的喜怒哀乐和强烈奔放的感情。巴洛克的乐风同时兼有严肃、凝重、宽厚，充满理性的沉思。

德国伟大的作曲家巴赫是巴洛克音乐最杰出的代表，他同时是旧时代最高贵音乐的化身，为下一代发展未来的音乐打下了雄厚的基础。巴赫出生于音乐世家，终生在教堂和宫廷中供职，他是一个不知疲倦的苦干家，小时候他曾用六个月时间在月色下抄写乐谱，步行两个星期去探访名师。他是一个杰出的大钢琴演奏家，当时最出名的管风琴演奏家，优异的小提琴和中提琴手，却极少受到社会公认，作为真正伟大的艺术家，他对人们对他的冷漠态度处之泰然。他的作品具有丰富的世俗情感和大胆的革新精神，反映了新兴市民阶层力图摆脱封建束缚，追求个性解放的愿望，发展并继承了德国民间音乐传统，为世俗音乐的发展作出了贡献。其创作以复调手法为主，构思严密，感情内在，富于哲理性和逻辑性，巴赫的作品对欧洲近代音乐的发展产生了极其深远的影响，为全人类音乐的进步和发展指明了宽广的远景，为世界古典音乐树立了丰碑，巴赫被称为"西方音乐之父"。

三、弯曲贝壳

洛可可是法语"ROCOCO"的音译，起源于法国的一种建筑风格，开始于路易十四时代晚期，流行于路易十五时代。洛可可原指装饰花园洞穴的贝壳和石块，带有小巧玲珑、亲昵的意思。具有纤细、轻巧、华丽和繁琐的装饰性，喜欢用S形或旋涡形的非对称曲线和柔和明快的色彩。它一反巴洛克式的豪华壮观，转而体现阴柔之韵和矫揉造作的气质，注重装饰性表现，带有明显享乐主义色彩。

1. 及时行乐

在路易十五统治的时代，封建制度日益动摇，贵族们已经感到"夕阳无限好，只是近黄昏"，于是他们需要及时行乐。贵族们开始回归自然生活，由以前的参加聚会、品尝美酒，听歌剧，看芭蕾舞到听牧童吹笛，住茅草屋，在小溪边啃干面包……

路易十五的情妇蓬巴杜夫人曾左右当时的艺术风尚，她豢养的宫廷画师们画面的构图在视觉上的松散就像主题在道德上的松散一样。华托是18世纪最有影响的画家，他出身贫寒，早期的作品多反映下层平民、流浪艺人的生活。后来由于结识了大银行家克罗扎，进入克罗扎的豪华府第，看到了贵族游乐的场面，转而描绘醉生梦死的贵族男女，画面充满了无限缠绵之情。他的名作《发舟西苔岛》以优美的笔触和瑰丽的色彩生动地描绘了这个即将崩溃的贵族享乐的世界。华托的画是没落贵族世界的真实写照，总是带着一种淡淡的哀愁，给人的感觉既有欢乐又有无限的惆怅与迷茫。18世纪最典型的洛可可画家布歇是路易十五最宠爱的画家，他的画色彩艳丽，人物娇媚，画面上的维纳斯、狄安娜满身珠光宝气，让人自然会联想到那个时代的贵妇人。和布歇相对立的是表现市民生活的画家夏尔丹，出身贫民之家的他的画面上的主角是勤俭、朴素的平民百姓，他们生活的世界与布歇描绘的世界完全是对立的，一边是劳动，一边是享乐。

维也纳圆舞曲和维也纳歌剧之所以能够征服全世界，是因为洛可可的轻松愉快的火花在约翰·施特劳斯的心灵中迸发，洛可可音乐感情洋溢，但常常没有深度。

2. 变幻空间

洛可可建筑艺术是继梦幻而奶油般甜腻的巴洛克之后，变得越来越奇异怪诞的建筑风格的最后一次辉煌。但洛可可时期，绝非象征轻浮、愚蠢、浮华、浪费的时期，而是人类历史，更接近生活，在各方面最文明的时期。人们认为不应该为了使人印象

深刻，而为建筑物造一个很大的前脸，应该刻意使建筑物变成一套人们住着舒适和惬意的房间，用不着在外表上招引人注意。

洛可可风格在室内装饰中排斥一切建筑母体，过去用壁柱的地方，改用镶嵌或镜子，色彩上完全女性化，墙上大量镶嵌镜子，屋顶挂上水晶吊灯，大镜子前安装烛台……（图6-5）他们的兴趣在于创造亲昵的气氛，他们的一切注意力，集中在室内的细节上，如怎样处理墙面，怎样正确使用镜子，怎样制作杯子、咖啡壶……它追求室内装饰的舒适、温馨和方便，排斥无谓的排场和庄严，使法国宫廷的卫生面貌发生了根本改变。巴黎苏俾士府邸的客厅是洛可可室内装饰的代表作。

图6-5　洛可可风格室内设计

法国18世纪的雕塑和绘画一样也受到洛可可风格的影响，富有装饰味儿的浮雕安装在王宫或贵族府第的建筑物上，一些圆雕安置在公园里或喷水池边，这些作品大都具柔媚华丽的特色。法尔科内的名作《青铜骑士》是一件气势宏伟，歌颂彼得大帝改革的作品，乌东以现实主义手法表现人物的性格、气质和内心活动，《伏尔泰坐像》、《卢梭胸像》等作品不仅生动地表现了对象本人，也反映了整个时代的风貌。

温文尔雅的先生们，在舒适的洛可

客厅里，空谈自由、平等、博爱思想，但并不认真对待这些思想。而身居社会底层的人却对这种思想很认真，最终爆发了法国大革命。

3. 花开遍地

1710年欧洲历史上第一个瓷窑——德国的麦森窑诞生，并最终烧出优质白瓷器。法国塞弗尔瓷窑烧制的《水壶和水钵》亦称"玫瑰色蓬巴杜式"，《泉》是一件成功的陈设品。法国洛可可式家具风格以优美的曲线表现出一种动感，如《扶手靠椅》，英国家具造型相对简洁，如《中国床》，东西方风格相结合。《双耳玻璃杯》是洛可可玻璃工艺的代表作，作品以充满流动感的色彩构筑了一个清新而浪漫的世界。

四、复古意趣

18世纪末至19世纪前半期在欧洲流行一种崇尚庄重典雅，带有复古意趣的艺术风格，即新古典主义。它以"高贵的单纯"和"伟大的静谧"为标准，以古典主义的"典雅、单纯、实用"取代了洛可可矫揉造作、纤巧华丽的脂粉气，为现代设计奠定了良好的基础。

1. 新古典主义

古典主义文学大师的创作最终使戏剧成为真正时髦的东西。法国古典主义喜剧的奠基人莫里哀的作品《伪君子》、《吝啬鬼》歌颂了下层人物；法国古典主义悲剧的奠基人高乃辛的《熙德》取材于中世纪西班牙民族英雄的事迹，歌颂了开明的君主和忠君爱国的英雄；拉辛的作品描写古代国王、贵族丧失理性与放纵情欲所导致的悲剧。

以古典主义题材或画风为基础，包含更多现实主义因素的新的画作被称为新古典主义。17世纪法国最优秀的古典主义画家普桑师古而不泥古，他崇拜人类与大自然，向往和平、宁静与幸福的生活，代表作《阿卡迪亚牧人》取材于古希腊罗马神话，

画风高贵、庄严，具有理想主义色彩。法国新古典主义的代表大卫以古典主义为武器，表现了法国人民强烈的革命热情，作品《荷拉斯兄弟之誓》的形式是古典的，题材是历史的，但蕴涵新的含意，它在鼓舞人们去为共和、自由而斗争。《马拉之死》（图6-6）是现实中活生生的英雄人物，构图严整均衡，着重理性。普吕东的《西风神吹走普塞克》善于运用逆光和侧光作画，色彩极柔和瑰丽。大卫的弟子安格尔是19世纪新古典主义学院派领袖，不同于大卫，他没有革命的激情，他追求一种纯洁而淡雅之美，从作品《泉》中还可以看到他那圆润流畅的线条和扎实的素描功夫。

图6-6 《马拉之死》

2. 简洁典雅

此时的陶瓷造型和装饰常以古典为范本，被激起的对以往时代的技艺的热情，导致收藏的热潮。新古典主义时期的家具风格对洛可可作了明显的修正，以直线造型代替曲线，以对称构成代替了非对称，以纹样的简洁明快代替了繁琐隐晦，著名的《凡尔赛宫路易十六图书馆》在室内装饰上就

体现了这种特点。新古典主义时期的金属工艺呈露出精致而典雅、庄重而含蓄的工艺特征，如为拿破仑结婚而专门制作的《咖啡具》呈优美的流线型。

3. 音乐圣殿

音乐比起绘画是更民主的艺术，18～19世纪欧洲最强大的王朝驻地维也纳成了音乐的圣殿。维也纳古典乐派的代表海顿、莫扎特、贝多芬等音乐大师登上了历史的舞台，为人类留下了一份宝贵的财富。

奥地利作曲家海顿一生创作交响曲104部，被称为"交响乐之父"。海顿的音乐表现力炉火纯青，在布局和结构方面也获得和声与对位因素的平衡，这是古典风格的两大特点。与此同时，他保留了他的音乐所独有的生气勃勃、热情和幽默。

在整部艺术史上，不仅仅在音乐史上，莫扎特是独一无二的人物。他的早慧是独一无二的，他的创作数量的巨大，品种的繁多，品质的卓越，是独一无二的。莫扎特在35年的生涯中完成了大小622件作品，每种体裁都有他登峰造极的作品，每种乐器都有他的经典文献，在170年后的今天，还像灿烂的明星一般照耀着乐坛。莫扎特之所以成为独一无二的人物，还由于这种清明高远、乐天愉快的心情，是在残酷的命运不断摧残之下保留下来的。他的作品从来不透露他的痛苦，而只借来表现他的忍耐与天使般的温柔。他的绝世的才华与崇高的成就使我们景仰不止，他对德国歌剧的贡献值得我们创造民族音乐的人揣摩学习，他的朴实而又典雅的艺术值得我们深深地体会。

德国作曲家贝多芬生于波恩，酗酒之父强逼他长时间地练习键盘乐器，望子成为莫扎特式的神童。作为维也纳的自由职业音乐家，他比莫扎特的处境顺利，但因个性关系备受痛苦。贝多芬的创作并非一挥而就，他孜孜不倦地修改草稿直至满意为止。贝多芬毕生追求自由、平等、博爱的理想，作品具有鲜明的时代精神和民族特色。他的第三交响曲《英雄》、第五交响曲《命运》、第九交响曲《合唱》均感情奔放，气势磅礴，表现了英雄般的毅力与热情。他创作钢琴奏鸣曲32部，其中《悲怆》、《月光》最为著名，热情洋溢，如浪涛奔涌，一泻千里。贝多芬集维也纳古典乐派之大成，开浪漫主义乐派之先河，开辟了浪漫主义乐派个性解放、追求思想的新方向。

五、文艺争鸣

1. 流派更叠

法国浪漫主义美术产生于波旁王朝复辟的年代。在这个时期里一些进步知识分子心灵十分苦闷，他们不安于现状，但又看不到出路，往往把希望与理想寄托于未来或遥远的异国。他们不满学院派的保守与专横，希求解放自己的个性与感情。个性重于共性，色彩重于素描。他们认为艺术不是一成不变的，更不能来束缚青年人的思想。

19世纪法国浪漫主义美术的代表戈雅的名作铜版组画《加普里乔斯》中，画家企图唤醒理性来改造西班牙落后腐败的局面。西班牙两次革命失败后，戈雅虽然心情沉重，但是决不是一个绝望的悲观主义者，他坚信光明必将到来。戈雅的悲剧在于他有着崇高的理想，但又无法摆脱那个病魔的社会。法国浪漫主义美术的另一位代表热里科非常善于画马，从《轻骑兵军官》中可以看出画家对光和对运动的追求。名作《梅杜萨之筏》通过描绘一个海难事件，表现了对波旁王朝的不满情绪。德拉克洛瓦把幻想看作是画家的第一品质，著名的《自由领导着人民》标志了积极浪漫主义美术发展的顶峰。

由于对社会的不满，艺术家也把目光转向现实，强调不加粉饰地表现下层人民的生活，19世纪30～40年代，一批不满学院派艺术的青年画家先后来到了枫丹白露的巴比松进行写生，于是形成了巴比松画派。这个画派以风景画为主，大自然是他们的老师，通过对大自然的描绘表达他们对祖国、土地和人民的深厚感情。柯罗是一位杰出的抒情风景画家，他善于捕捉光与色的变化，画面有一种朦胧美，色调极其丰富，物我交融，意境深远。

19世纪写实主义美术三大代表是米莱、库尔贝与杜米埃。米莱的艺术像一面镜子，真实地反映了法国农民的生活和他们的思想情感，他笔下的农民形象有积极的一面，也有消极的一面，让人感到这些朴素、正直、善良的农民，大多安于现状，缺乏反抗精神，有着宿命的思想。库尔贝向学院派提出了真正有力的挑战，主张创作富有时代气息的艺术（图6-7）。杜米埃像文学上的巴尔扎克一样更加广泛地描绘了法国社会，在作品中带有鲜明的批判色彩。从政治性版画《卡冈都亚》、《立法肚子》、《中国佛像》等作品中可以感到跳动着的时代的脉搏和人民的声音。

图6-7 《拾穗者》

2. 音乐交融

波兰作曲家肖邦在钢琴演奏和作曲方面的高度才赋，从小便已显露出来。他对波兰民间音乐的美有着深切体会，对他的祖国抱有诗意之情。肖邦的创作几乎全是钢琴曲，是他那个时代最先进的思想的代表和喉舌，他的音乐同波兰民族解放运动紧密相连，发挥着富于革命性的作用，因此曾被舒曼誉为"藏在花丛中的大炮"。

德国作曲家瓦格纳从事歌剧创作，大量短小而简洁得当的主题片段前后呼应、上下关照，以变化不已的形式不断重复出现，时而单独地，时而结合在一起，交织成一个一气呵成的交响乐织体。他的成熟作品无不展示出高度的旋律天赋、非凡的和声创新和出神入化地超脱传统的配器才能。

德国作曲家舒曼的钢琴作品集中表现了浪漫主义钢琴风格的特征，例如冲动而刚愎的节奏，他对浪漫主义诗歌的敏捷而直觉的洞察力表现在他的歌曲形式的丰富多变。

匈牙利作曲家、钢琴家、音乐评论家李斯特创作了不少钢琴作品和大量钢琴改编曲，大大地扩充了钢琴的应用范围和技术表现的可能性。他主张音乐同其他姊妹艺术保持联系以丰富音乐的表现力；他创造交响诗这一新体裁，把多乐章的因素合成单乐章的形式；他所倡导的单主题发展原则及钢琴声部的交响式处理等，对世界音乐文化的发展都有深远影响。

法国作曲家、钢琴家德彪西崇尚印象的瞬间交替和变幻，为了追求自由的色调对比，他采用变化多端的表现手法，他是印象主义乐派的创始者。

柏辽兹的标题性交响曲，用音乐的形式以表达诗与文学的构思，音乐的画面明晰、情节具体。他的交响曲贯穿而统一，其布局之宏伟、描绘之具体以及感情之充溢，都具有巨大表现力。

俄罗斯作曲家柴科夫斯基的作品的亲切坦荡的旋律，戏剧性的磅礴气势，华丽生动的配器，支配着它们的曲式，他的旋律之泉喷涌不竭。

第二节 没落的封建王朝

公元1368年，明太祖朱元璋建立了封建的明王朝，是我国历史上又一强盛时代。明朝是元朝灭亡后，汉族人在华夏大地上重新建立起来的封建王朝。由于明朝在统治上相对比较稳定，故而明朝社会在各方面都有所发展。明朝的青花瓷器、宣德炉等手工业产品已成为今天不可多得的艺术品，明朝的科学文化发展更是迅速，中国历史上的四大名著中的《西游记》、《水浒》、《三国演义》三本就是出于明朝，而作为科学著作出现的李时珍的《本草纲目》、宋应星的《天工开物》以及《徐霞客游记》等著作成为今日我们研究和借鉴古代技术的珍贵的文献资料。在永乐年间，我国著名的的航海家三宝太监郑和曾率远洋船队六次出使，最远到达非洲东海岸，加强了明王朝同世界各国的经济政治上的往来，为中国走向世界作出了贡献。

1644年，明朝在农民领袖李自成起义军打击下节节败退，清军趁机入关，建立了中国历史上的最后一个封建王朝——清朝。清代统治全国共268年。清朝是由女真族（满族）建立起来的封建王朝，它是中国最后一个封建帝制国家。清朝处于封建社会晚期，盛衰隆替，风云变换，它的崛起为封建社会注入了新的生机，它的衰落又导致了封建社会的瓦解。在这个特定时代的12位皇帝，自然是有开国之君，有治世之帝，也有平庸之君，堕落之帝。康熙22年间的统治使中国跃升为亚洲最强大的国家。17、18世纪初，欧洲列强还十分尊重和仰慕中国，直到1796年乾隆下台，清朝的黄金时代结束，西洋由羡慕转变为敌对中国，1840年鸦片战争，西方列强打开了中国的大门，中国受封建主义、帝国主义双重压迫，沦为半封建半殖民社会，中国远远落后了。

一、世俗之光

1. 文人画

明清时期文人画获得了突出的发展，对职业画家及民间画工的绘画则带有严重偏见，认为只有文人士大夫的绘画最高雅、最超逸。文人画强调抒发主观情趣，提出"不求形似"，不趋附社会大众审美要求，借绘画以自鸣高雅，表现闲情逸趣，涌现出难以数计的文人画家和作品。他们借绘画抒写高尚情操，发泄对黑暗腐败势力的不满，艺术上敢于突破陈旧成法的藩篱，注意师法自然，勇于创造革新。文人画注意笔墨情趣及诗文书法相结合的题跋。

明清文人画家中，既有为正统文人画奉为典范的明代四大家（沈周、文徵明、唐寅、仇英）、董其昌及"四王、吴、恽"，又有带有鲜明个性的徐渭、陈洪绶、朱耷、石涛及扬州八怪中的郑燮、金农等人，分别在不同方面作出贡献。

明代的戴进画《渔人图》的重点已经不在山水，而在山水中努力工作的渔人，画面没有安静的感觉，只觉得画中好像充满了各种人的声音，显示出明代的城市生活逐渐影响到画家。吴伟的《渔乐图》用笔更为率直大胆，毛笔线条活泼奔放，用饱含水分的毛笔，在纸上快速泼洒，造成一种水墨淋漓的效果，这种入世的精神，更具有人间性。

明代四大家中的沈周画《策杖图》中细瘦的树及用较尖锐线条画出来的山石，都是标准的元代文人画的风格，但他的写生册页，画了很平凡的小动物，也逃不过明代入世精神的影响。文徵明79岁画的《古木寒泉》中松树枝干的线条，腾空飞舞，像写字一样，从中可看出他的书法功力。唐寅擅长经营很纤细，很富诗意的画面。《仕女图》（图6-8）中所描绘民间歌舞女郎，其实只是一般的城市妇女，他已不再是元代隐居于山水中的安静文人，而是一个喜爱热闹和浪漫生活的城市文人了。仇英是漆工出身，他的工作就是用油漆在家具上画画，《汉宫春晓》是颜色艳丽，线条细致的历史人物画。

明代是个很复杂的时代，一方面有画家努力模仿唐宋古董，从事复古的工作；另一方面也有画家大胆创作，破坏规矩，使绘画呈现全新的面貌。徐渭就是大胆创新的一个，他的画和他的为人一样不拘小节，常常把一大摊一大摊的墨泼洒在纸上，再用毛笔去涂抹，以乱头粗服的风格画河蟹葡萄表示对怀才不遇的不平遭遇的抗议（图6-9）。陈洪绶的人物画大胆夸张，用笔线条长而婉转，好像流水一样，画面给人非常柔软优美的感觉。他尤喜为贫不得志的人作画，《九歌图》表现对国家命运的关切及对自由爱情的赞许。

中国传统绘画不仅注重画品，而且注重人品道德，不少画家表现了高尚的情操，

图6-8 《仕女图》

图6-9 花卉杂画卷

其画不以势利所动、不以金钱换取。不少画家在民族危难之际，大义凛然，他们用画笔赞颂正义、歌颂自由，在不同程度上发泄对腐败黑暗势力的不满，歌颂大自然的壮美或秀丽，借描绘花鸟虫鱼表达对生活的热爱和高尚的情操。

明末四僧中的朱耷和石涛都是明王室的后裔，明的灭亡对他们打击很大。朱耷的画非常简单，常常只有一两笔，空白很多，鱼鸟奇特怪诞，似乎有人的表情，白眼看天的怪鸟有一种冷气逼人的感觉，好像孤独愤怒的人，流露对清王朝的不合作态度。石涛用笔自由、以神造形、蓬勃有生气，正如他所说"纵使笔不笔、墨不墨，自有我在"，表现了强烈鲜明的主观感受。渐江一生以画黄山为专业，他用干燥的笔画出黄山的悬崖绝壁，使人从中感受到一种高山的寒冷，好像连空气都冻结成玻璃；石谿(xī)的画是四僧中感觉最温暖的一个，颜色用的较重，画面密密麻麻一层层地堆叠。

清初，欧洲传教士来到中国，把西洋画法传给一些中国画家，如曾鲸的《张卿子像轴》就是用工整写实的方法画肖像。而郎世宁本身就是意大利的传教士，后来作为乾隆的宫廷画师，他是用中国的材料、工具来画画的西洋画家，把不同的绘画方式结合在一起。

清朝中期，工商业发达，城市变得格外富裕、繁荣，一些集中到扬州城卖画的画家，不用当时流行的方式画画，也不模仿古人的画法，又生活自由，不受拘束，因此被称为"扬州八怪"。其中金农的字好像刀子

刻出来一样，画面天真朴拙，充满喜气，有民间生活的趣味。罗聘喜欢画鬼，在可爱有趣的风格中，寄托了讽刺意味。当然最有名的还是郑燮，他在山东做过县官，因看不惯官场作风，辞官卖画，郑燮画竹，声称以慰天下之劳人。"扬州八怪"后的市民画家已经脱离了文人孤高的性格，和民间艺术打成一片。当时，剑侠、神仙等人物画很受社会喜爱，活跃在上海的任伯年的民间传说故事画《钟馗斩鬼》、《女娲补天》等人物造型奇特大胆，具有强烈的民间性格。

齐白石小时候生活在湖南农村，这成了他日后取之不竭的绘画源泉。他把以前画家从不在画中画的东西都画了出来，蝗虫、老鼠、扫把、白菜、玉米，甚至牛粪、蝌蚪……（图6-10）中国画原有的清雅孤高的面貌，经过他这一改，就变得更具有民间的活泼精神了。齐白石作画坚持韵味，极为强调神似，提出"作画妙在似与不似之间，太似为媚俗，不似为欺世"，不把对自然的如实模仿当作创作的最高境界。如画虾，他匠心独运地处理画面的虚实、照应关系，留下大量空白，空白即水，给人以无限想象空间。

2．南桃北柳

明清是"俗"文化的鼎盛时期，表现世俗人情、市井生活、社会风习的戏曲小说版画"极摹人情世态之歧，备写悲欢离合之致"，年画则由于雕版套色技术的成熟得以进一步推广普及。明清年画继承了宋代绘画的传统，以人们喜闻乐见的形式、手法，描绘社会生活，表现神话传奇及英雄人物，反映人民群众的美好愿望，手法活泼自由，色彩红火热烈，具有鲜明的浪漫主义色彩。木版年画继承了民族艺术的传统风格，又富有浓郁的地方色彩，深受百姓喜爱，其中以天津杨柳青与苏州桃花坞的年画为代表，风采各异，尽现南北特色。

天津杨柳青木版年画构图通俗易懂、生动活泼，风格恬美清秀、朴实大方，形式多样，装饰性强，具有浓厚的生活气息和独特的地方特色（图6-11）。

图6-10　齐白石《蜜蜂册页》

图6-11　张仙射犬

苏州桃花坞木版年画起源较早，其雕版印刷技艺迄今已有千年历史。清雍正年间，社会较为安定，经济繁荣，桃花坞年画业亦趋向兴盛，它继承了明代金陵和徽派版画优良传统，吸取了西洋画法上的明暗、透视等技法，而形成其独特风格（图6-12）。

同时，山东杨家埠年画以工艺精雕细作、饱满沉稳，四川绵竹年画以风格粗犷豪放、朴实大方而享誉于世。

明清民间绘画中另一值得瞩目的发展是书籍版画插图的繁荣兴盛。由于小说戏曲创作和演出的活跃，及手工的飞速发展，推动刻书行业勃兴，书籍刻印精益求精，借插图以吸引读者。举凡经史文集、科技著作、地理方志，特别是小说戏曲大多附有插图，运刀雕版，明快刚健，或细如擘发，或拙如画沙，由于地区不同而风格各异，艺术成就颇高。

明清已有音响广告，灯笼广告极普遍，"同仁堂"药店就有为夜间求药的顾客送灯笼的传统，悬挂广告发展为画面广告，如剪刀铺画剪子、鞋店画鞋子等。

3. 吉祥图案

古往今来，中国劳动人民以超人的勤劳与智慧，创造出难以数计的民族图案纹样，越过历史的长河，这些吉祥纹样走进了当代生活，尤在明清时期大放异彩，它是永不消逝的幻影。这些作品在木版年画、剪纸、皮影、木偶、风筝、彩印花布、刺绣、面具上随处可见，或匠心独运，构思巧妙，或形象生动，精美绝伦，或脍炙人口，家喻户晓。

明清吉祥图案具有"图必有意，意必吉祥"的特色，表现的内容很多，如画面中用两只狮子表示"事事如意"，狮子配以长绶带则表示"好事不断"，再加上钱纹则寓意"财事不断"（图6-13）；再如鱼龙共生水中，但龙为神兽，鱼却属凡物，鱼只有经过

图6-12　仕女戏婴图

图6-13　二狮滚绣球

长期修炼才能越过龙门而成神兽，"鲤鱼跳龙门"比拟凡人如能升入朝门则功成名就；"鲤鱼撒子"即古代婚礼中新娘出轿门以铜钱撒地。瓶中插月季或四季花为"四季平安"；瓶中插麦穗表"岁岁平安"。莲荷底下有游鱼寓意"连年有余"，等等。总的来说主要有：①幸福，如五福捧寿（图6-14）、福寿双全；②美好，如鸳鸯戏莲、凤穿牡丹；③喜庆，如喜相逢、喜上眉梢、双喜；④丰足，如年年有余；⑤平安，如马上平安、一帆风顺；⑥多子，如榴开百子、百子图；⑦长寿，如延年益寿、百寿图；⑧学而优，如连中三元；⑨升官，如连升三级、一品当朝；⑩发财，如金锭、连钱，等等。

表现手法有：①象征：如莲花——纯洁、牡丹——富贵；②寓意：如蜘蛛——喜庆、松鹤延年——长寿；③谐音：如连（莲）生贵（桂）子、四季平（瓶）安、六国（果）封相（象）、亭亭（亭子）玉（鹤）立、一路（鹭）连（莲）科、千秋（牡丹）富贵（菊花）、事事（柿子）如意（衣带钩），有些显得拙劣牵强；④表号：如鸟——日、兔——月、鱼——余；⑤文字：如喜、寿、吉祥；⑥比拟，等等。

图6-14　五福捧寿

民间图案的色彩追求"在巧不在多"的单纯明快、"红花要靠绿叶扶"的鲜明对比、"光有大红大绿不算好，黄能托色少不了"的统一和谐。民间艺人最喜欢运用华夏民族古老的五色观中的纯度高的红黄色调，营造火爆热烈、明快响亮、鲜艳绚丽的氛围，"红兼黄，喜煞娘"、"要喜气、红兼绿"、"要求扬，一片黄"，突出吉祥喜庆、红火热闹的场面。

二、古建风采

西方建筑是一种人性的空间，即"存在空间"，空间经常被无意识地转移到人主体作为体验者的情绪之中，中国建筑则可称为"自然空间"。西方建筑重独立的"形"的塑造，中国建筑既重"形"而更重"势"，所谓"势"，即建筑的地势、气势，一种大地所具有的"势态"、姿势。建筑外观被当作一种组合、平面序列或与天地万物互相辉映的风景在观赏，而并不是当作独立的建筑体量，建筑被当作大地的一个有机组成部分。老子《道德经》说"凿户以为室，当其无，有室之用"、"埏埴以为器，当其无，有器之用。"中国人理解的"形"是从"无"（"虚空"）开始，而西方人认为"形"就是形本身实体，这是两种不同的空间概念。虚实相生，"空间"按中国人理解就是"空"——虚空——无，但不是虚无，而是"无中生有"。中国建筑尤其重视这个"空"，正如中国画的"留白"，"白"也是一种构图。中国建筑表现出一种过早模式化的思维趋向，儒家的伦理和道教的宇宙自然观从两方面规定了中国建筑尚道德与尚自然的内容。建筑既是人类畏惧自然的神秘力量寻求躲避的栖居，又是人类改造自然、征服自然的本质力量的表现。

如果说西方古代建筑艺术主要体现在个体建筑所表现出来的宏伟与壮丽上，那么中国古代建筑艺术则主要表现在建筑群体所表现出来的博大与壮观。与西方建筑相比，中国古建筑个体的平面多为简单的矩形，单纯而规整，体形也并不高大。普通的住房、寺庙的佛殿、园林的厅堂、宫殿殿堂莫不如此。

1. 官式建筑

中国传统官式建筑，结构上，常用的有抬梁式和穿斗式两种，可移动，拆装方便，非常灵活。布局上，以"间"为单位构成单座建筑，再以单座建筑组成庭院，进而以庭院为单位，组成各种形式的组合。造型上，沿袭秦汉建筑的三段式，即台阶、梁柱、屋顶；材料上，以木构架为主，从上往下依次为瓦、木、砖，体现中国古代"随遇而安，不求永远"的哲学观。其实以上代表中国古代建筑的同一性特征，在装饰上却各有特色，官式建筑的装饰主要集中在梁枋、斗拱部分，一般是白色台基，朱红色屋身，黄或绿发亮的琉璃瓦屋顶，檐下施以蓝绿色略加点金作彩画，你中有我，我中有你，散布各处的金色使对比的色彩不显得那么生硬和绝然对立了，整体色调强烈而协调。

同时，官式建筑的装饰图案也常和伦理道德、权利地位取得对应。如传统图形中最有代表性的龙的形象，可谓朝朝有不同，代代有变化。龙的雏形早在新石器时代就已出现，到了商代已基本定型：大首、大口、长身、有爪、头生双角。汉魏时期，统治者自诩为龙生天子，使龙展现出新的精神面貌，气派雄壮，或奔驰、或飞腾，形神兼备，浪漫洒脱。到了唐代，国家统一，经济发达，与外国的交流增多，而且佛教盛行，唐龙体态丰腴，形象丰满，背鳍、腹甲、腿爪、肘毛、髭、髯等肢体器官都已齐备，十分富丽。宋以后，作为"真龙天子"的皇帝把龙推到了至高无上的地位，使龙的形象进一步规范化，固定化，失去了汉魏时期的磅礴气势与奕奕神采。明清时期，象征王权的龙日趋凝重，渐入老态。北京紫禁城中龙纹图案随处可见，御花园的龙凤纹御路石、保和殿后巨大的九龙戏珠御路石、故宫皇极门前的九龙壁、天安门前缠以浮雕龙纹的华表柱身，都以龙的变化多姿、色彩的绚丽而著称于世。

中国传统官式建筑以明永乐年间开始兴建的北京紫禁城（图6-15）最具代表性，它是中国历代城市规划和宫廷建筑在技术和艺术上的结晶，是规模最大、形态最为复杂的四合院群体，同时也是中国古代建筑艺术的集成。

2. 民居建筑

民居是中国建筑的根，是创作的源泉。由于居住者自己参与设计并施工，因此最为实用，也最有人情味。现存绝大多数是清代以后所建，由于各地区的自然环境和人文情况的不同，显现出多样化的面貌。无论黄土高坡的窑洞还是闽南土楼，或者藏族

图6-15 北京紫禁城

石屋，黔西石板房，广西麻栏式民居，傣族干阑式住宅都是顺其自然，因地制宜，就地取材建成住宅，将对自然资源及景观的破坏减小到了最低限度，同时获得了最为纯真的精神享受。

民居建筑处处体现了中国古代人们对居住环境进行选择和处理的学问，即风水学，其中不乏具有科学精神、朴素思想和合理经验。风水学关于环境的选择，阳宅、阴宅的定点、定向，住房形态的分析等等论述与主张反映了实际生活的利弊，是经过实践证明行之有效的经验总结。背山面水，负阴抱阳的生态环境自然适合人的居住生活；住房选地当然应该尽量远离古墓、茅厕、妓院和屠宰场；住宅堂屋、天井的方整明亮在实际使用和在视觉、心理上都会感到舒适。但风水学中确有大量的迷信与不科学的成分，风水与建筑需要研究，更需要进行科学地分析与批判。

民居建筑的色彩不单指建筑本身的色彩，它还包括四周的环境，天地山川、植物绿化、人物服饰及依附于建筑上的种种装饰。安徽徽州地区一带的民居都是白粉墙，黑色的瓦和灰色的砖，黑、白、灰组成了这个地区民居建筑的主色调。云南西双版纳傣族的村落，一幢幢竹楼都呈灰色调子，四周的芭蕉、木薯等丰富的热带植物组成一个浓绿的背景，穿着彩色长裙的傣族妇女出没于村落，使这里的环境多彩多姿。

总的来说，北方民居多屋顶厚、墙厚，庭院宽大、开敞以求得更多的日照。而南方民居多为天井高深、庭院狭小、室内空间高敞，因为南方需要躲避烈日和利于通风，以追求更多阴凉。如闽、粤、滇、桂诸省，往往强调风向而不强调日照，不采取正南朝向。

民居建筑的意境是浪漫的，同样，中国民居不是人居住的机器。它崇尚自然，同时也十分科学，在西周春秋时期的最早史诗与《诗经》中，就有了"秩秩斯干，幽幽南山"，描述靠近洞水，面对青山的建筑颂诗。杜甫诗"卷帘唯白水，隐几适青山"则更加抒怀了中国民居建筑网罗天地、饮吸山川的空间意识和胸怀。"形式追随功能"是民居建筑不变的主题。

中国传统民居，因地制宜，利用当地有利自然条件，用最经济、最天然手段达到抵御各种不利因素并获得舒适居住空间的目的。它不是向自然宣战，处处与自然相抗争，企图征服之，而是顺应自然，融于自然的文明建筑。它的优越性已引起世界学者的广泛关注。现代的建筑思维伴随着诸如有机建筑生态建筑、可持续发展建筑、怪异的"野兽派"，以玻璃幕墙为代表的银色派等诸多流派，将人们的思潮引向空前的混沌之中，但是具有深刻文化底蕴中国传统民居所体现出来"天人合一"的周易美学思想必将照亮建筑发展的整个未来。

（1）北京四合院

北京四合院（图6-16）是北京住宅的代名词。由于长期处于皇城权贵之中，讲究强烈的封建宗法制度和成熟的尺度和空间安排。住宅严格区别内外，尊卑有序，讲究对称，对外隔绝，自有天地。这体现了周易美学中崇拜与审美的"二律背反"与"合二

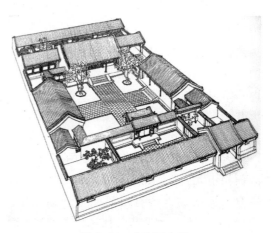

图6-16　北京四合院

为一"的思想。易学智慧具有强烈的崇拜意绪。它不仅指宗教性崇拜,更强调世俗性崇拜。任何对象,如果其精神影响力足以迫使主体的心灵为这对象而震慑,那么对象便成为主体的崇拜。

北京四合院宁静亲切,庭院比例方阔,尺度合宜,院中莳花置石,是十分理想的室外生活空间。回廊把庭院分成了大小几个空间,互相渗透,增加了层次、虚实和光影的变化。室内常用半开敞的木装修来分隔空间。华北住宅的庭院都较方阔,有利于冬季多纳阳光。东北的院落更加宽大。稍南的晋、陕、豫等省,夏季日晒严重,院子变得窄长。

四合院住宅的优点是有一个与外界隔离的内向院落小环境,它们保持了住宅所特别要求的私密性和家庭生活所要求的安宁。在使用上也能够满足中国封建社会父权统治、男尊女卑、主仆有别的家庭伦理秩序的要求。同时,四合院对外是封闭的,对内则是开敞的,庭院与周围的厅、堂、廊、室等既隔又通,实际是厅堂的延伸和扩大,不仅可供人们劳作、休闲,也为内部空间与大自然沟通创造了良好的条件。

(2)江南天井院

江南地区有许多院式住宅,四周的房屋连接在一起,中间围成一个小天井,所以称为"天井院"住宅。江南春季多梅雨,夏季炎热,冬季阴寒,人口密度大,因而这里的四合院,三面或四面的房屋都是两层,从平面到结构都相互连成一体,中央围出一个小天井,这样既保持内部环境私密与安静,又节约用地,还加强了结构的整体性。

天井自然是天井院很重要的部分,它的面积不大,加上四面房屋挑出的屋檐,天井真正露天的部分有时只剩下一条缝了。但尽管这样,它还是起着住宅内部采光、通风、聚集和排泄雨水以及吸除尘烟的作用。

由于天井四面房屋门窗都开向天井,在外墙上只有很小的窗户,因此房间的采光主要来自天井。四面皆为两层的房屋围合成的天井高而窄,具有近似烟囱一样的作用,能够排除住宅内的尘埃与污气,增加内外的空气对流。天井四周房屋屋顶皆向内坡,雨水顺屋面流向天井,经过屋檐上的雨落管排至地面经天井四周的地沟泄出宅外。

北房是两坡硬山顶,其他三面都是斜向天井的单坡顶,所有墙头都高出屋顶以上以利防火,墙头的轮廓线可以自由处理。称为封火山墙或马头山墙,它与其他平段墙头组成变化丰富的天际线。墙面白灰粉刷,墙顶覆以青瓦,有时墙面为清水灰砖,只在接近墙顶处粉刷白灰,色调明朗素雅。宅门是装饰集中的地方,有雕砖覆瓦的门檐,有时做出雕砖牌楼的样式。院内和室内只见木材,门、窗、栏杆和月梁及梁柱的交接点都广泛采用木雕,表面多素面或涂素油显露木纹,颇朴素简洁。这种住宅外观方方如印,南方各省分布很广,云南称之为一颗印。

(3)少数民族民居

少数民族地区的居住建筑也很多样,如新疆维吾尔族住宅多为平顶,土墙,一层或二三层,围成院落,外观朴素,室内利用石膏板划为壁龛,墙头贴石膏花,木地板上铺地毯,舒适亲切;朝向院内常有宽阔的敞廊,廊柱雕花。藏族住宅用块石砌筑外墙,内部为木结构平顶楼房,称为碉房;室内用木板护墙或做木壁龛,铺地毯,使用藏式家具。蒙古族通常住在可以移动的蒙古包内。西南各少数民族常依山面溪建造木结构干阑式楼房,楼下空敞,楼上居住,坡屋顶,以云南傣族名为竹楼的木结构干阑式楼房最有特色,使用平板瓦盖覆很大的歇山屋顶,用竹编席箔为墙,楼房四周以短篱围成院落,院中种植树木花草,有浓厚的亚热带风光。江南民居依山就势、就地取材;客家民居形体巨大、群体居住,以闽西承启楼为代表;西北雨水少,回归自然的窑洞建筑很普遍;底层架空的干阑式民居以广西、海南、台湾为多;藏族民族蒙古毡包和上海的石库门建筑也特色各异。

(4)西北窑洞

西北地区风沙很大,院墙加高,谓之窑洞式住宅。窑洞虽然都是挖土成洞,但仍有两种常见的形式。一种是靠着山或山崖横向挖洞,洞呈长方形,宽3～4m,深约10m,洞上为圆拱形,拱顶至地面约3m。洞口装上门,就成了简单的住房。所以农民只凭一把铁锹,凭力量就可以有自己的住屋,开始可以只挖一个洞,有条件再多挖。为了生活方便,在洞前用土墙围出一个院子,就成了有院落的住宅。另一种是在平地上向下挖出一个边长约为15m深为7～8m的方形地坑,再在坑内向四壁挖洞,组成为一个地下四合院,称为地坑式或地井式窑洞。为了取得冬季较长时间的日照,多将坐北朝南的几孔窑洞当作主要的卧室,在这些洞里,用土坯砖造的土炕放在靠洞口的地方,可以得到更好的光线和日照。

窑洞因为有较厚的黄土层包围,所以隔热与保湿效能好,洞内冬暖夏凉,具有良好的节能效益。但作为居住环境,不利的情况是洞内通风不良,比较潮湿,所以往往洞外春暖花开,洞内老人睡的土炕还需要炕火以驱寒湿。

(5)大理白族民居

白族聚居最集中的地区是大理。大理地区的住宅在房屋构架上除了采用木结构以防备地震外,更普遍的采用硬山式屋顶,屋顶在山墙两头不挑出屋檐并且用薄石板封住后檐与山墙顶部以防止风雨的侵袭。白族人民的民居就是用三座坊与一座照壁所围合成的四合院。座西朝东的坊作为正房,进深较大,檐廊也较深,左右两坊为厢房,进深较小。东面为照壁,这是一面独立的墙体,它的宽度与正房相当,高度约与厢房上层檐口取平。照壁下有基座,上覆瓦顶,壁身为白色石灰面,周围常带彩绘装饰。照壁面对正房,成为院内主要景观,白墙反光,还可以增加院的亮度,主人站在正屋楼上,可以越过照壁遥望宅前远景,视野辽阔而开敞。由三坊一照壁围合成的庭院对外封闭而对内又显得开敞,庭院使三面的坊屋得到采光、日照和通风,庭院可供晾晒农作物和院内的来往交通。

"三坊一照壁"的照壁如果换用一座坊,那么就成了"四合五天井"的四合院。四面各有一座坊屋,除了中央的庭院外,在四个角上还各有一个小院,当地称为"漏角天井"。

苍山之下,洱海之滨,一座座白族人民喜好的四合院聚合成村,灰色的屋顶,白色的墙,其间闪烁着五彩的门头和点点墙饰,在郁郁苍山衬托下,显得那样的清新而又透露出秀丽。

(6)闽南土楼

在闽南、粤北和桂北的客家人常居住大型集团住宅,平面有圆有方,由中心部位的单层建筑厅堂和周围的四五层楼房组成,楼房只在三层以上才对外开窗,防御性很强。它以夯土筑墙,墙厚达1m,是一个环形封闭状的同心圆,内部空间有木构回廊相连贯通。碉堡式的闽南土楼能够自我防卫,同时自得其乐(图6-17)。

3.园林建筑

中国人自古崇尚自然,认为宇宙是无限的,但他们并不站在自然的对面与之对衡,而是投身自然,与自然相融相合、相近相亲,"天地与我并生,万物与我为一"(《庄子·齐物论》),正所谓"天人合一",世界

图6-17   闽南土楼

上没有一个国家能像中国那样把自然的地位放得如此重要。古人把对山山水水、一草一木的热爱集中表现在园林建筑上，人们因地制宜、掘地造山，创造出集居住休息和游览欣赏双重目的为一体的建筑模式。中国古典园林，是把自然的和人造的山水以及植物、建筑融为一体的游赏环境。师法自然，追求大自然的生机与意趣是中国园林建筑乃至所有建筑形式的共同特色。以"流水别墅"闻名于世的美国建筑师赖特就十分崇尚中国建筑思想。在他的作品中，把西方强调的"生存竞争，天人相抗"转向注重生态平衡，强调人与自然的和谐相处，从极力倡导物质文明进而重视内在精神的满足，以求得物质生活与精神生活的协调。

中国园林萌发于商周，成熟于唐宋，发达于明清。中国园林主要有4种类型：

（1）帝王宫苑。大多利用自然山水加以改造而成，一般占地很大，气派宏伟，包罗万象。著名的有北京颐和园、圆明园、畅春园和承德避暑山庄。帝王宫苑的苑景主题多采集天下名胜、古代神仙传说和名人轶事，造园手法多用集锦式，注重各个独立景物间的呼应联络。

（2）私家园林。多是人工造的山水小园，其中的庭园只是对宅院的园林处理。园内景物主要依靠人工营造，假山多，空间分隔曲折，特别注重小空间、小建筑和假山水系的

处理，同时讲究花木配置和室内外装饰。造园的主题因园主情趣而异，大多数是标榜退隐山林，追慕自然清淡。历史上著名的私家园林以苏州、扬州、南京的园林最为人所称道（图6-18）。私家园林有待客、生活、读书、游乐的要求，多与住宅结合在一起，占地不大，追求平和、宁静的气氛，建筑不求华丽，环境色彩讲究清淡雅致，力求创造一种与宣嚣的城市隔绝的世外桃源境界。

图6-18   私家园林

（3）寺观园林。一般只是寺观的附属部分，手法与私家园林区别不大。但由于寺观本身就是"出世"的所在，所以其中园林部分的风格更加淡雅。另外还有相当一部分寺观地处山林名胜，本身也就是一个观赏景物。

（4）风景名胜园林。如苏州虎丘、扬州瘦西湖、太原晋祠、绍兴兰亭、杭州西湖等；还有佛教四大名山，武当山、青城山、庐山等。这类风景区尺度大，内容多，把自然的、人造的景物融为一体，既有私家园林的幽静曲折，又是一种集锦式的园林群，既有自然美，又有园林美。

中国园林是中国建筑中综合性最强、艺术性最高的一种类型，不论是哪一种类

型的园林，它们之间都有一些共同的基本特征，主要有：

（1）追求诗画意境。自从文人参与园林设计以来，追求诗的涵义和画的构图就成为中国园林的主要特征。谢灵运、王维、白居易等著名诗人都曾自己经营园林。园林的品题多采自著名的诗作，因而增加了它们的内涵力量。远山无脚、远树无根、远舟无身，这是画理，亦造园之理。园林的每个观赏点要深远而有层次，见其片段，不逞全形，图外有画，咫尺千里，余味无穷。建亭须略低山颠，植树不宜峰尖，山露脚而不露顶，露顶而不露脚，大树见根不见梢，见梢不见根。依画本设计布局，就使得园林的空间构图既富有自然趣味，也符合形式美的法度。

（2）注重审美经验，即所谓借景生情，情景交融，观赏者的文化素养越高，对园林美的领会越深。因为假山曲水比较容易模仿自然，形成绘画效果，因此大量叠山理水，造成"虽由人作，宛自天开"的境界，而模山范水，用的是局部之景而非缩小全景，营造"水随山转，山因水活"、水石交融的氛围。景物命名是通过匾、联、碑、碣、摩崖石刻，直接点明主题。室内也常用竹藤家具、根雕家具，偏爱材料的本色和自然纹理等等，说明推崇素雅、朴实和自然的倾向。

（3）创造无穷的空间效果。私家园林面积都不大，空间越分隔，感到越大，越有变化。而连续委婉的曲线流动，使行者左右顾盼，曲中寓直，曲直自如，信步其间使距程延长，趣味加深。因此必须运用曲折、断续、对比、烘托、遮挡、透漏、疏密、虚实等手法，小中见大、曲径通幽，力求尽可能扩大眼界和范围，取得山重水复、柳暗花明的无穷效果，造成无穷空间的感觉。

（4）特别强调借景。借景是中国造园的重要手法，其实质就是把内部空间与外部空间联系起来，意在以小见大，寓无限意境于有限的景物之中。反映出来的，就是人们依恋自然、热爱自然，希望与自然和谐的感情。借景多为"远看"，引入自然景物则为"近观"，方法有"远借、邻借、仰借、俯借、应时而借"种种手法。园外有景妙在借，景外有景在于"时"，花影、树影、云影、水影、风声、水声、鸟语、花香，无形之景，有形之景，交响成曲。

园林建筑的色彩追求一种自然雅致、幽寂脱俗的风格。从尺度较大的厅堂、楼阁到较小的亭台、门廊都是白色的墙，灰黑色的瓦，赭石色的门窗和立柱。室内布置追求一种清净无为、淡泊雅致的意境，白粉墙、褐色梁架、木料本色的家具，连墙上挂的字画，几案上的摆设都是素色的。室外的植物，讲究四季常青，最爱用青竹，水边植垂柳，水中种莲荷，营造画中之景。

4. 宗教建筑

我国古代宗教建筑除部分伊斯兰教建筑外，多为佛教建筑。佛教寺庙在我国分布很广，从汉族地区的庙、云南地区的南传佛寺到西藏高原的藏传喇嘛教寺院，各有特点。明清传统佛寺有大寺和山林佛刹两种风格。大寺多位于城市或其附近，地势平坦开阔，规模较大，建造官式建筑，总体规整对称，风格华采富丽；山林佛刹多建在名山胜境风景佳丽之地，密切结合地形和环境，布局不求规整，活泼多变，单体建筑近于民居，规模不大，风格纯朴淡素。北京智化寺、广济寺，山西太原崇善寺等属于前者，分布于各地名山如峨眉、九华、普陀、天台、雁荡等山的佛寺大都属于后者。中国佛寺除了是宗教活动的场所外，在很大程度上也具有文化和旅游建筑的性质，它们丰富了城市的建筑艺术面貌，也妆点了整个中国的美丽河山。

寺庙建筑的色彩具有强烈的宗教气氛。

黄色的外墙，灰黑色的瓦顶，建筑之外绿树相间，整个环境为黄绿两色组成，色调统一。而室内如大雄宝殿内的佛像、菩萨及罗汉，不论木雕还是泥塑都是彩色或金色，供桌、香案、幡帐也色彩鲜艳，象征佛教天国的繁荣富华。

宗教建筑与宫殿建筑相比，一个比较粗犷，一个则较细致，尤以西藏宗教建筑最具代表性。如坐落在拉萨市红山上的布达拉宫（图6-19），是松赞干布为纪念与文成公主成婚而兴建的。这是一座体现了政教合一的大型宫殿寺院。面积最大的白宫是西藏最高领袖达赖的宫殿，红宫是历世达赖的灵塔殿和各类佛堂，龙王潭为宫中的后花园。布达拉宫几乎占据了整座红山，它们的殿堂连成一片，形成一座高低起伏、体形巨大的整体建筑。建筑材料多用粗石和土筑墙，大片的颜料泼倒在粗糙的墙体上，效果强烈，具有粗犷与雄劲之美。

图6-19　布达拉宫

5. 精工细雕

中国古代建筑装饰鲜明地体现出中国建筑的美学特征：

（1）它们是显示建筑社会价值的重要手段。装饰的式样、色彩、质地、题材等都服从于建筑的社会功能。如宫殿屋顶用黄色琉璃，彩画用贴金龙凤，殿前用日晷、龟鹤、香炉等小品，以表示帝王的尊严；私家园林用青砖小瓦、原木本色和精巧自由的

砖木雕刻，以体现超然淡泊的格调。

（2）它们中大多数都有实用价值，并和结构紧密结合，不是可有可无的附加物。油饰彩画是为了保护木材，屋顶吻兽是保护屋面的构件，花格窗棂是便于夹纱糊纸；而像石雕的柱础、栏杆、菊花头等梁枋端头形式，本身就是对结构构件的艺术加工。

（3）它们大部分都趋向规格化，定型化，有相当严格的规矩做法，通过互相搭配取得不同的艺术效果；但也很注意细微的变化，既可远看，也可近赏。

（4）它们的艺术风格有着鲜明的时代性、地区性和民族性。例如汉代刚直浓重，唐代浑放开朗，宋代流畅活泼，明清严谨典丽。北方比较朴实，装饰只作重点处理，彩画砖雕成就较高；南方比较丰富，装饰手法细致，砖木石雕都有很高成就。藏族用色大胆，追求对比效果，鎏金、彩绘很有特色；维吾尔族在木雕、石膏花饰和琉璃面砖方面成就较大；回族则重视砖木雕刻和彩画，题材、手法有浓郁的民族特点。

中国古代建筑装饰包括大木作装饰与小木作装饰两种。大木作装饰是对木结构主要构件的艺术加工，如卷杀，即将柱、梁、斗拱、椽子等构件的端部砍削成缓和的曲线或折线，使构件外形显得丰满柔和；再如将结构构件的端部做出各种花样，如清代官式建筑常将梁枋端做成云形、拳形，拱端则有菊花头、三幅云等形状。小木作装饰是对门窗、廊檐、天花及室内分隔构件的艺术处理（图6-20）。

不论大木作装饰还是小木作装饰，都处处体现了中国古代建筑杰出的装饰艺术和高超的装饰技巧。举几个例子，如门环是装饰的重点，多做成兽面吞环；扇门下部的木板常雕刻花饰；廊檐枋子下常设雕刻繁复的雀替、或楣子、挂落；廊柱下部配以木栏杆，有花栏杆、坐凳栏杆、靠背栏杆等形

图6-20 屋顶走兽

式……重要建筑正中设藻井,有圆形、菱形及覆斗、斗八等形式,尊贵的建筑中藻井层层收上,用斗拱、天宫楼阁、龙凤等装饰,并满贴金箔,富丽异常。屋脊在宋以前多用板瓦叠砌,正中设宝珠;元以后改为定型化的空心脊筒子,并增加花饰。地面铺砖,唐代常用模印莲花纹方砖铺于重要建筑的坡道和甬路上,宋以后多为素平铺装。影壁墙、山墙端部和砖墙门窗边框及雨罩常做出细致的砖雕,有些雕出仿木结构形式,楼房挑出的檐廊则用砖雕做出仿木栏杆。台基在高级建筑中多做成雕有花饰的须弥座,座上设石栏杆,栏杆下有吐水的螭首。石柱础的雕刻,宋元以前比较讲究,有莲瓣、蟠龙等,以后则多为素平"鼓镜"。高级建筑踏步中间设御路石,上面雕刻龙、凤、云、水,与台基的雕刻合为一体,等等。

伦理观是一种关于人与人、人与社会的关系准则的总看法。在几千年的中国历史中,在儒家思想的影响下,人与人的关系,主要被概括为君臣、父子、夫妻等关系,"三纲五常"则是处理这些关系的准则。中国古代建筑设计与装修必然要受上述观念的影响:一是严格的等级制。中国室内设计在室间范围、结构形式、斗拱型制、色彩选用等方面均有严格的等级界限。二是明确的秩序感。即在布局上明确表示尊卑、贵贱、长幼、亲疏等地位,区分辈份、年龄、性别等差别,让空间布局、家具配置为伦理观念所支配。其表现是强调布局的严整性,注意轴线的作用:主要空间和主要家具大都位于轴线之上。次要空间和次要家具则依次分列至两侧。

在长期的社会实践中,中华民族形成了不少与其他民族不尽相同的审美习惯,如注重完整性、喜欢情节性、偏爱含蓄性等。一是空间形式大多完整无缺。中国传统建筑的平面多为矩形、圆形、六角形、八角形和十字形,很少使用不规则的形状。二是空间分隔常常"隔而不断",多用虚拟分隔,以取得似分非分,似断非断,隔而不断的效果。如碧纱橱、落地罩、飞罩、屏风、博古架、帷幕等最大特点就是"隔而不断",并有很强的装饰性。三是喜欢采用含蓄的装饰手法。中国室内设计的装饰手法,最能反映人们偏爱含蓄、不喜直露的习惯。传统的建筑中常用蝙蝠、鹿、鱼、鹊、梅等图案,原因是"蝠"与"福"谐音,可寓有福;"鹿"与"禄"谐音,可寓厚禄;"鱼"与"余"谐音,可寓"年年有余"。传统建筑中还多用"梅、兰、竹、菊"、"岁寒三友"等图案。这是一种隐喻,即用生物的某些生态特征,附会人事,赞颂崇高的情操和品行。用竹是因竹有"节",寓意人应有"气节",用梅、用松、是因梅、松耐寒,寓意人应具备不畏强暴、不怕困难的品格。用"石榴"象征"多子多孙";用鸳鸯象征"夫妻恩爱",用松鹤象征健康长寿等手法极为常见,都是托物寄情、寄志,用以表达美好的意愿。装饰中还有以数字表达某种含义的,如以"十二"表示十二个月,以二十四表示二十四节气等。因此,许多建筑的开间数、踏步数,都不是随意确定的。中国素有崇尚"阳数"(奇数)的习惯,并以"九"为最尊贵,故在宫殿建筑与装修中,常常选用九或九的倍数。

6. 明式家具

自古以来，中国人就崇尚过一种闲逸优雅的恬静生活。这或许是受儒家思想的影响，在强调人与环境的关系时，对大自然抱着一种天人合一、整体平衡的观念，对所处的自然环境持一种随遇而安的心态。也抑或是受了数千年传统文化中的浪漫、高洁等情操的熏陶，古人在制陶器、建园林、做家具、作书画时，其实是追求一种清静的境界，保持淳朴的心态。

唐宋以前，中国人的起居方式以席地而坐和席地而卧为主，家具都是低矮型的"胡床"；魏晋从西方传入的高型坐具使传统的席地而坐方式受到挑战；唐代席地而坐和垂足而坐的起居方式并行；宋代以垂足而坐为主，完成了这一过渡与转变。在中国家具史上，明代是一个最为辉煌的时期，"明式家具"被视为中外家具设计的典范。

16世纪末至17世纪初，正值明朝市井文化的繁荣时期，虽然当时北方社会动荡、政治腐败、战乱不断，但在远离硝烟的南方地区，却在大肆兴建民居、园林、宫庭，而家具作为室内主要日用品与陈设品，需求量大增，许多私家园林的主人，本身就是舞文弄墨的文人骚客，在建造园林、制作家具时，他们往往亲自出马，按照文人士族的审美理念参与园林的家具设计。家具作为室内陈设的主要设施，是生活中的日常用具，同时也是一种物质文化和精神文化的载体，从人类文明发展史来看，明式家具实际上是中国传统文人士族文化物化的一种表现形式，它比较突出地体现了中国传统文人士族文化的特点和内涵。因此，明式家具无论是在造型上、材料上、装饰上、工艺上都体现出传统文人文化的特有的追求：自然而空灵，高雅而委婉，超逸而含蓄的韵味，透射出一股浓郁的书卷气（图6-21）。

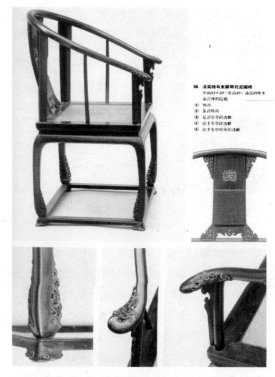

图6-21 明式家具

从明式家具中，能感受到一种天然的优雅和简朴的设计理念，在构造上，它采用榫卯结构，根据不同的部位设计不同的榫卯，不用钉和胶。在选材上，喜欢天然的优质木材，由于它质感精致细腻，色泽深沉雅致，给家具注入了文化内涵，如色泽橙黄、明亮，木纹自然优美的黄花梨家具，深受明代文人墨客的青睐和推崇，黄花梨赋予了家具质朴纯正、简洁明快的艺术禀性和优美形式，使家具蕴涵淳厚的文人气息。而紫檀木色调深沉，色性偏冷，该树主要生长在南洋和中国的两广一带，紫檀木生长缓慢，非数百年不能成材。其质坚硬，密度极高，制成后的家具和雕刻品黝黑如漆，几不见纹理，更显皇家气派，华丽而内敛。由于适宜精雕细琢的装饰工艺，所以较能迎合一些讲排场，崇尚豪华，追求富丽的达官贵人们的宠爱。在装饰上，古人将自然界的事物与人类的美好意愿相结合，用丰富的想象和美好的寓意将人们喜闻乐见的吉祥物、吉祥图案贯穿于家具设计中,中国提倡谦和好礼,廉正端庄的行为准则,在造型上,明式家具造型浑厚洗练,线条流畅,比例适中,稳重大方。

明式家具具有简、厚、精、雅的特点。简,即造型洗练、不繁琐、不堆砌、落落大方;厚,即形象浑厚、庄穆、质朴;精,即作工精巧、一线一面、曲直转折、严谨准确、一丝不苟;雅,即风格典雅、耐看、不落俗套。明式家具具有意匠美:巧而得体,精而合宜;材料美:本色、纹理,不加以遮饰,深沉的色调,坚而细的质感,稳定调和;结构美:不用钉、不用胶,榫卯相连;工艺美:面,合乎比例尺度,线,简洁利落。

清代家具则逐渐脱离明代秀丽实用的淳朴气质,一味追求富丽华贵,雕饰繁重。造型上结合厅堂、卧室、书斋等不同居室进行设计,分类详尽功能明确。这时期家具制作特点是造型厚重,形式繁多,用材广泛,装饰丰富。

三、艺海拾英

明清工艺美术常具有实用与审美互相统一的优点,风格淳朴健康。但有些作品具有纯赏玩性,在风格上追求繁缛奇丽,在制作上追求奇特,反映了没落的贵族地主阶级的审美趣味。

明清两代不仅工艺美术获得巨大发展,且理论著述也颇有建树。明代宋应星的《天工开物》是部有关手工业方面的著作,它详细记述了各手工艺门类从原材料到成品的全部生产过程的情况,是研究明代工艺美术的重要资料,有"中国17世纪的工艺百科全书"之誉。漆艺家黄大成的《髹饰录》为中国现存古代惟一的一部漆艺专著,对制漆的工具、材料、色漆的制配及装饰方法等作了详细的叙述。

1. 青花五彩

明代青花瓷在元代基础上更是光彩夺目,无论是景德镇的官窑,还是各地民窑,都不乏有精美之作。特别是永乐、宣德和成化、嘉靖及万历年间官窑烧制的青花瓷,以其胎釉精细、青色浓艳、造型多样、装饰丰富而著称于世。明代永乐、宣德是我国青花瓷制作的黄金时代,采用进口青花料苏麻离青,颜色深沉、层次丰富。釉面白中泛青,构图较元代疏朗,花纹以瓜果、缠枝纹、束莲为多。成化起用平等青料,色泽淡雅,釉面肥润,抚之有玉质感。图案花纹常见的有云龙、飞凤、团龙、婴戏等,精美异常,雅俗共赏(图6-22)。

图6-22 青花瓷器

到了清代,康熙、雍正、乾隆三代皇帝对瓷器都十分嗜好,并经常提出对质地、画面的改进意见,而且改善了景德镇瓷工的工作和生活环境,使青花瓷的制作达到了前所未有的高度。这一时期的青花瓷色泽青翠光艳,清新明快,层次清晰,尤其是蓝色像蓝宝石一样鲜艳明亮,晶莹光润。然而到了乾隆后期,青花瓷的工艺制作日益衰落。康熙青花色泽鲜艳青翠,其中一个重要特征是康熙青花浓淡有层次,且有指印纹。器行以小件日用瓷和文房用具为主,图案花纹以龙、凤、缠枝莲、山水、花卉居多。雍正青花的色泽幽静淡雅,但有的青花有晕散现象，图案花纹除缠枝莲、云龙、龙凤外，以清雅的折枝花、竹石、三果、花鸟为多见。清雍正时的釉里红呈色鲜红且有层次，烧造得极为成功，可谓历史高峰。

斗彩瓷器创烧于明成化年间，又称青花填彩。制作时，先用青花勾绘图案轮廓线，经过初次高温烧成瓷后，在轮廓线内进行填色、加彩，再由低温炉火烘烤而成。画面出现釉下青花与釉上鲜艳色彩相互斗艳相映相成，故称"斗彩"。斗彩的烧成标志着景德镇窑彩绘瓷进入釉上彩的新时代，但仍离不开釉下青花的配合。官窑斗彩瓷的胎体精细、釉质润净、制作规整，而且造型丰富、纹饰优美。由于斗彩是古代宫廷的珍玩，十分名贵，所以历来被收藏家视作珍宝，万历时一对成化窑斗彩酒杯已"博取百金"。传世斗彩名品如成化斗彩三秋杯、高士杯、卷草纹瓶均属价值连城的国宝。

珐琅彩始创于清代康熙晚期。珐琅彩吸取了铜胎画珐琅的技法，在瓷质的胎上，用各种珐琅彩料描绘而成的一种新的釉上彩瓷。瓷质细润，彩料凝重，色泽鲜艳明丽，画工精致，制作这种专供帝王赏赐和宫廷贵人赏玩的珐琅彩瓷极度费工。尤为突出的是画面上配以相呼应的题诗，如画竹的用"彬然"、"君子"章；画山水的用"山高"、"水长"章；画梅花的用"先春"章等。

五彩是瓷器釉上彩绘，它不一定五彩皆备，但画面中红、绿、黄三色是必不可少的。由于当时尚无釉上蓝彩，在需用蓝色时，都以釉下青花代之，所以又称其为"青花五彩"。明代五彩以万历年制品最为著名，人们往往将"万历五彩"与"成化斗彩"并提，誉为明代制瓷业的一大成就。万历五彩大器居多，胎质稍显粗糙，胎体厚重，色彩浓艳凝厚，装饰富丽繁复，色调对比强烈，很多采用开光图案和镂空工艺。

粉彩色调淡雅柔和有粉润之美，色彩绵软柔和，俗称"软彩"（图6-23）；五彩的色泽明亮，所以康熙五彩又称"硬彩"。制作时，在烧好的素瓷上以玻璃白打底，用国画技法以彩料绘画纹样，呈不透明色，柔媚鲜艳，再用炉火烘烤而成。粉彩吸取了各类绘画的技巧，使所要描绘的对象显得质感强，明确清晰，层次分明，具有立体感，类似清代花鸟画家恽寿平所创花鸟画派的工笔画。雍正粉彩制品胎薄透光，釉面白润如玉，绘画精致，笔线纤细有力，极为精美。

图6-23　粉彩百鹿纹双耳尊

明清两代时，江西景德镇已成为全国最大的制瓷中心，"工匠来八方，器成天下走"，"昼间白烟掩空，夜间红焰烧天"。江苏宜兴紫砂茶壶系由明末金山寺僧人首创，经时大彬加工改进，有着单纯朴素、典雅淳厚的美感。

2. 万紫千红

明清时期的丝织工艺，如丝、麻、棉、毛的纺织、印染和刺绣等，在品种花色之多,技术之精湛上都是前所未有的,它直接关系到整个民族的衣着,有着蓬勃的生命力。在染织刺绣的色彩方面呈现出万紫千红,在织物图案的构成方面显出律动中的节奏美。

生产中心为苏州、江宁和杭州等地。苏州织锦,图案多仿宋代锦纹,格调秀丽古雅,亦称宋锦。江宁织锦,质地厚重,以金丝勾边,彩色富丽,气势阔绰,采用由浅至深的退晕配色方法,犹如绚丽的云霞,故有云锦之誉。清代织锦,花纹更加繁缛精美,配色愈趋富丽隽雅、退晕更迭、变化无穷,显得愈加辉艳而又和谐。浙江以素织为著,苏州以妆花见长。妆花系采用"挖花"工艺,可随时换色,多达20余种。缂丝在清代以苏州缂丝最为有名,除仿缂名人书画作品外,还缂作服装、围幔、屏风、靠垫等。双面缂丝难度较大,为偷工减料,乾隆时缂丝竟用笔勾勒细部,结果适得其反,断送了它的艺术生命。

明清刺绣业迅速发展,突出表现在地方绣的形成,如四大名绣:苏绣、顾绣、湘绣和粤绣。织绣图案无所不包,许多题材有一定的吉祥寓意,如莲生桂子、四季平安、千秋富贵等。顾绣始于明嘉靖年间的上海顾名世家,以绣绘结合著称,所织物品深得当时名流董其昌等许多书画家的赏识和推崇,以惟一的文人绣派而闻名。苏绣以针脚细密,色彩典雅为其特点,其工艺讲究平齐细密,匀顺和光,图案多采用分面退晕的方法,具有浓郁的装饰性。湘绣作风写实,以猛兽为题的作品最具特色,其针法多用施针,同时间以双印、齐、柔等一系列针法,所绣物像富有真实感。粤绣以百鸟、鸡等为题,花纹繁缛,色彩浓艳,具有独特的效果。蜀绣以成都为中心,以用线工整厚重,设色明快,而受到人们的喜爱。京绣以皇室绣作为中心,以皇家为服务对象,绣品精巧富丽。

印染业在此时已遍及全国城镇,工艺发达,色彩丰富,主要有夹缬、蜡染、蓝白印花布等品种。清代服装的图案设计和工艺织造是从服装整体设计出发的,如"丛花式"服饰构成。最具中国传统特色的"旗装"是清代首创。

3. 工艺创新

明清在原有的漆器工艺基础上又发展了金漆和镶嵌漆器,明代雕漆以张成、杨茂为榜样,雕工精美,色泽华美。清代北京雕漆、福州脱胎漆、贵州皮胎漆都家喻户晓。焚香习俗在我国有着悠久的历史,通常人们为了礼仪将衣服薰香,更多的是古代文人雅士喜欢在读书、写字的书房内,焚上一柱香,营造"红袖添香夜读书"的意境。明代宣德年间用有色合金铸造的小型铜器"宣德炉"光滑细腻、色泽古雅。而铜胎掐丝珐琅"景泰蓝"要经过七个工序,用细扁铜丝做线条,在铜制的胎上捏出各种图案花纹,再将五彩珐琅点填在花纹内,经烧制、磨平镀金而成。外观晶莹润泽,鲜艳夺目。明清玉器以大型的玉山玉海见长,《大禹治水玉山》很有代表性,象牙雕刻《群仙祝寿》以工细著称。

东阳木雕、东清黄杨木雕、福建龙眼木雕和广东金漆木雕这四大流派经过数百年的发展,形成各自独特的工艺风格,享誉全国。东阳木雕诞生于宋代的浙江东阳,擅长雕刻,图案优美、结构精巧。清代乾隆年间,被称之"雕花之乡"的东阳地区,竟有400多名工艺师被召进京城,修缮宫殿。东清黄杨木雕从清代中期起就成为中国民间木雕工艺品之一,以雕小型黄杨木陈设品而闻名中外。明初有长乐人孔氏,利用天然疤痕树根进行雕刻,是福建龙眼木雕特有的传统工艺,被世人所重视。广东金漆木雕起源于唐代,它用樟木雕刻,再上漆贴金,金碧辉煌,具有强烈的艺术效果。

第七章　新旧大碰撞

第一节　洋风东渐

1840年的鸦片战争，揭开了中国近代史的序幕。中国被迫成为开放的国际市场，传统与"欧化"相伴而生。尤以建筑最为突出，各国租界建筑五花八门，如上海汇丰银行、百老汇大厦、天津的德界市议会、英界戈登堂、南通的商会大厦等，多是近代西方建筑的翻版。

由于外国商品在中国市场上竞争加剧，为吸引买主，作为馈赠手段之一的月份牌广告兴盛，是中国广告艺苑中的一枝奇葩。据载，清末时从外国传来纸卷香烟，吸烟者倍感方便，一时成了时髦的表现。为了获利，除大印月份牌历画作广告外，还在每一大箱香烟货品里附赠数张月份牌历画。1896年鸿福来票行发行的《沪景开彩图》是迄今可知的中国最早的月份牌画。上海民国初期的月份牌年画还没摆脱为洋商做广告的框架。1923年郑曼陀为上海一家水火保险公司绘制的一幅《西湖垂钓图》，形式别致，图中画一剪发美女，身着花边短袖上衣，下系短裙，身姿袅娜，容貌清秀，手拿钓竿立于西湖之畔花下，意境清幽雅静，画面两边是阴阳日历对照表，上下印有广告文字。月份牌的画法在过去是秘而不传的，这是画家为保住自己的"饭碗"而采取的不得已手段。上海月份牌画家差不多都有自己的画室，每日做画时放下窗帘，不准旁人入室。以擦笔技法画时装美女而著名的月份牌画家是郑曼陀与杭稚英。

1911年辛亥革命推翻了几千年的封建统治，中国民族资本主义的发展受到帝国主义列强的摧残，中国艺术设计的发展虽从未中断，但最终退出世界舞台，让位与西欧发达国家。

第二节　印象主义

摄影的发明，连同它记录形象的性能，强烈影响了19世纪后半期西方艺术的发展方向。物体的外貌变得不十分重要，探索和揭示隐形世界，再次成为艺术家的任务，为了描绘更大的现实，自然被内在化和变形。

1874年，一群被拒绝在官方画展上展出作品的年轻画家把他们的作品悬挂在一位摄影师的照相馆里。他们被一位评论家称为"印象主义画家"，这位评论家以莫奈的《日出·印象》为例，反对他们作品的速写特征。

印象主义画家主张走出画室，面对大自然写生，最关心的是光和色的变化，光线成了绘画的主宰，马奈的《草地上的午餐》在落选沙龙展览会上引起了极大的轰动，他虽从未参加过印象主义展览，但他是印象主义的精神领袖，他是一位既不想完全推翻旧的传统而又在努力开创一种新艺术的画家。印象主义是对现代生活的热情肯定，被称为早期印象主义画家的马奈、莫奈、雷诺阿、德加都抛弃了学院派规定的矫揉造作的姿态和有限的色彩，为了表现光线和色彩转瞬即逝的印象，绘画中的形体和构图的质感不受重视。莫奈有"水上拉斐尔"之称，善于画水，画面上湖光山色尽收眼底，他以微妙的笔触画出了大自然的瞬息万变景象。雷诺阿像画成熟的果实一样画妇女和儿童，人物充满了青春的力量。而德加却多少带有一点厌世情绪，他的画色彩绚丽，构图大胆富有变化，画面上的舞女千姿百态，他极善于捕捉人物瞬间的动态，好像这些动作一个接着一个。西斯莱和毕沙罗也都是印象主义中杰出的风景画家，西斯莱的画宁静、清新、抒情，毕沙罗善于描绘农村景色，画面色调丰富，富有变化。

随后又产生了新印象主义，他们不满意印象主义的偶然性，而是主张要创造出有秩序合理的美。其作品富有平面感和装饰感，更为重要的是用点来作画，取消线条，所以也叫点彩派。代表人物有《大碗岛的一个星期日下午》的作者修拉和西涅克等。

之后的后印象主义是印象主义的反对派，强调的是主观世界的揭示而不是仅仅停留在客观瞬间的描绘上，写意重于写形，形体开始出现了夸张与变形。它的三大代表人物是梵·高、高更和塞尚。高更和梵·高给他们的作品注入了炽烈的情感和将内心再现的欲望，他们运用大胆的色彩对比，突变的轮廓和刚健的笔触，20世纪表现主义诸风格受这两位画家作品影响很大。荷兰人梵·高是一位充满激情、心地善良而又不为世所容的画家，他的笔触粗犷、奔放，每一笔下去都可以感到画家的心灵在颤抖。高更强调艺术的装饰性，为了逃避西方的病魔世界，他迁居到南太平洋上的塔希提岛与当地土人生活在一起，并创作了大量有原始情趣的作品，如《我们来自何方？我们是什么？我们走向何方？》，反映了他迷惘苦闷的情绪。塞尚对发展绘画中富有意义的形式的结构更感兴趣，运用视觉形式来获得严谨、清晰的构图，他力求排除光的

干扰，追求物象体积的描绘，声称不想再现世界，而是重新表现世界（图7-1），他的理论与实践对后来立体主义颇有影响，因此，被人们推崇为"现代绘画之父"。

19世纪法国雕塑界人才辈出，浪漫主义雕塑家吕德在1830年革命的影响下创作了巴黎大凯旋门上的高浮雕《马赛曲》。19世纪下半期最主要的雕塑家罗丹始终是一位走自己艺术道路的艺术家，他的作品反映了知识分子苦闷的情绪，带有悲壮的色彩，并富有哲理性地表达了人生悲欢离合的情感。

图7-1　塞尚的画《静物》

第三节　工艺美术运动

从1760年工业革命到1914年第一次世界大战爆发，是人类社会由传统手工业时代向工业时代转化的阶段。但这种变革、转型的实现并非一帆风顺、一蹴而就的，而是经历了一个沉重的、剧烈的震荡与波动过程。工艺美术运动就是在艺术设计界掀起的一场波澜壮阔的改革运动。

一、水晶宫

欧洲工业革命之前的手工工艺生产体系，是以劳动力为基点的。而工业革命后的大工业生产方式则是以机器手段为基点。手工时代的产品，从构思、制作到销售，全

都出自工匠之手，这些工匠以娴熟的技艺取代或包含了设计，可以说这时没有独立意义上的设计师。工业革命以后，由于社会生产分工，于是，设计与制造相分离，制造与销售相分离，设计因而获得了独立的地位。

然而大工业产品的弊端是：粗制滥造，产品审美标准失落。究其原因在于：技术人员和工厂主一味沉醉于新技术、新材料的成功运用，他们只关注产品的生产流程、质量、销路和利润，并不顾及产品美学品味。而另一个重要的原因也在于艺术家不屑于关注平民百姓使用的工业产品。因此，大工业中艺术与技术对峙的矛盾十分突出。19世纪上半叶，形形色色的复古风潮为欧洲社会和工业产品带来了华而不实、繁琐庸俗的矫饰之风，例如洛可可式的纺织机、哥特式蒸汽机以及新埃及式水压机。产品设计中如何将艺术与技术相统一，引发了一场设计领域的革命。

1851年，英国政府为了检阅工业革命以来的伟大成果，展示雄厚国力，在伦敦召开了首次世界工业博览会。该博览会在集中展示工业技术巨大威力的同时，也全面暴露出产品设计领域存在的严重问题，工业产品美学质量的低劣和手工艺设计传统的丧失令人深感揪心。展览的场所是被称作"水晶宫"的建筑，是由金属肋拱和薄片玻璃建成的，在这次博览会上一系列由于工业革命带动的新的发明如蒸汽机、引擎、汽锤、车床甚至包括 "水晶宫"本身都引起了人们的极大兴趣。由于大机械化生产在一定的程度上剥夺了人的创造性，以约翰·拉斯金和威廉·莫里斯为代表的理论家与设计师强烈反对机器生产，认为只有恢复传统手工作坊式的个人劳动才能将人从机器中解脱出来。

二、自然主义

为了力图通过复兴传统手工艺及重建艺术与设计的紧密联系，探索新的社会背景下艺术设计的发展方向，这场以理论家拉斯金和设计师莫里斯为代表兴起的规模宏大的设计运动，越过大洋在美国激起了强烈的反响。拉斯金主张美术家从事产品设计，要求美术与技术结合，主张"向自然学习"，提出设计的实用性目的，强调设计为大众服务。主要领袖莫里斯被尊为"现代艺术设计之父"，他对当时出现的缺乏艺术性的机械化批量生产深恶痛绝，同时十分反对脱离实用和大众的纯艺术。他的目的是复兴旧时代风格，特别是中世纪、哥特式风格，一方面否定机械化、工业化风格，另一方面否定装饰过度的维多利亚式风格。他开设了世界上第一家设计事务所，为顾客提供各种各样的设计服务。他认为产品设计和建筑设计是为千千万万的人服务的，而不是为少数人的活动；设计工作必须是集体的活动，而不是个体劳动。这两个原则都在后来的现代主义设计中发扬光大。在具体设计上，强调实用性与美观性结合，主张设计的诚实、诚恳，反对设计上的哗众取宠、华而不实的趋向，装饰上推崇自然主义、东方装饰和东方艺术（图7-2）。

三、否定机械

这种工艺思想，反对工业化，否定机械，否定大批量生产，没有注意工艺美术和时代结合，和新的生产条件相适应，以满足人们在物质生活和精神生活方面的新的需要，侧重于艺术性，而忽视生产性，脱离了时代的步伐，违背了历史规律。工艺美术运动强调装饰，增加产品费用，不可能为贫民百姓所享有，只具有感性的认识，显示其偏颇性。虽然该运动局限于手工艺设计领域，存在反对机械化批量大生产和提倡中世纪哥特式复兴等不足，但它毕竟是现代设计史上第一次大规模的设计改良运动。它首先提出了"艺术与技术相结合"的原则，号召

图7-2 莫里斯"瓷砖设计"

艺术家从事产品设计。同时,它所开创的真实、自然的设计风格也有助于艺术设计摆脱玩弄技巧和雕琢堆砌的弊病,从这一意义上说,它标志着现代艺术设计史的开端。

第四节 新艺术运动

新艺术运动是19世纪末至20世纪初在欧洲和美国产生和发展的一次影响面相当大的装饰艺术运动,延续时间长达20余年,是设计史上一次非常重要的强调手工艺传统且具有相当影响力的形式主义运动。

一、蜿蜒交织

新艺术运动是19世纪人们对于工业化时代的恐惧和厌恶,是对大工业生产的一种反对,对弥漫整个19世纪的矫揉造作的维多利亚风格的反对。它基本放弃对任何一种传统装饰风格的借鉴,以自然风格作为本身发展的依据,在装饰上突出表现曲线

和有机形态,大量运用曲线,强调自然中不存在直线和平面。"新艺术"提倡寻找自然造物最本质的根源,发掘决定植物和动物生长、发展的内在过程。新艺术典型的纹样都是从自然草木中抽象出来,多是流动的形态和蜿蜒交织的线条,充满了内在活力。新艺术运动在本质上是一场装饰运动,但它用抽象的自然花纹与曲线,剥离了守旧、折衷的外衣,是现代设计的简化和净化过程中的重要步骤。

新艺术运动十分强调整体艺术环境,即人类视觉环境中的任何人为因素都应精心设计,以获得和谐一致的总体艺术效果。它认为艺术家们决不只致力于创造单件的"艺术品",而应该创造出一种为社会生活提供适当环境的综合艺术。"新艺术"不喜欢过分的简洁,主张保留某种具有生命活力的装饰性因素,这决定它不适合机器生产而只能手工制作,因此价格昂贵,只有少数富有的消费者能够使用。

新艺术运动是历史上第一个完全抛弃对历史的装饰和设计风格的依赖,完全从自然中吸取设计装饰动机的设计运动。对历史风格的大胆否定,奠定了以后各种设计运动对于历史风格断然断绝关系这种方式的基础。它的兴起预示了旧时代的接近结束和一个新的时代——现代主义时代的即将来临,是传统设计与现代设计之间一个承上启下的重要阶段。

但新艺术运动仍然否定工业革命和机器生产的进步性,错误地认为工业产品必然是丑陋的。它装饰性的、手工艺的方法依然是陈旧的,是为豪华、奢侈的设计服务的,是为少数权贵服务的。它仅停留在表面的装饰上,在思想层次上来说,反而比英国的工艺美术运动退步了。

二、风格各异

新艺术运动是一场运动,而不是一个

完全统一的风格。它影响范围非常广泛，各个国家都有自己的风格，是一场名副其实的国际运动。

在建筑和室内设计方面，新艺术运动中风格不统一的特点表现得最为明显。首先是比利时新艺术运动最富有代表性的建筑师霍塔，他喜用葡萄蔓般相互缠绕和螺旋扭曲作为设计动机，代表作霍塔旅馆以其精美流畅的细部而闻名。戈地是西班牙最有名的建筑师之一，也是建筑史上最负国际声誉的人物之一。这种盛名是基于他将传统与现代融为一体的能力，他技术手法的大胆创新，他对明艳、风格独特和富有创造性的装饰品的使用。戈地对于所谓风格的单纯从来没有兴趣，他的设计充满了各种风格的折衷处理，对于他来说，所有他喜欢的过去的风格都是可以借鉴的源泉。他的风格具有有机的特征，同时又具有神秘的，传奇的色彩，不少装饰图案都有很强烈的象征性。他设计的巴塞罗那的巴特罗公寓和米拉公寓，极具浪漫的塑性艺术特色，而神圣家族大教堂成了巴塞罗那市的标志性建筑。

另一方面，新艺术运动在德国形成了"青年风格"，在代表设计师雷迈斯克米德和霍夫曼的手中，新艺术蜿蜒的曲线因素第一次受到制约，并逐步转变成几何因素的形式构图。而在奥地利出现的维也纳分离派的手中则进一步简化成了直线与方格，这也预示着功能主义的标志——机器美学的出现。我们也可以在新艺术运动中英国的杰出代表麦金托什的系列设计中看到对后来的包豪斯产生影响的简练、高直、清瘦和垂直的线条；还可以从比利时设计师凡·德·威尔德的作品中看到他肯定机械，支持新技术，追求设计中功能第一原则的体现。凡·德·威尔德是现代设计史上最重要的奠基人之一，是世界现代设计的先驱之一。主

张艺术和技术的结合，反对漠视功能的纯装饰主义。他还是德国设计协会——工业同盟的创始人之一。他开设一所以设计为主的学校，成为德国现代设计教育的初期中心。

穆卡是最典型的"新艺术"风格的代表人物，他为"约伯"牌香烟设计的海报（图7-3），是运动风格平面设计最杰出的代表作之一。劳特累克以简洁的色彩层次与生动的形象描绘反映了社会底层的夜生活，他善于捕捉体现人生深层戏剧的瞬间，使用长而果断的色彩笔触勾画出一个苦中作乐的世界，如在《红磨坊》里，他使用奇特的角度，对形象进行照相式剪裁。英国人比亚兹莱是新艺术运动时期最重要的艺术家和插图画家之一，被称为新艺术运动的"疯狂孩子"，《莎乐美》是当时最流行的一本书，以其对人物装饰性、概括性和变形化的处理感染着观众，奠定了他作为一流装帧设计家的历史地位。

图7-3　"约伯"牌香烟海报

第五节 装饰艺术运动

"装饰艺术运动"是20世纪20~30年代在法国、美国和英国等国家展开的一场非常特殊的设计运动。它反对古典主义的、自然的、单纯手工艺的趋向，而主张机械性的形式美感。但在很大程度上，它依然是传统色彩浓厚的设计运动，虽在造型、色彩与装饰动机上有新的、现代的内容，但其服务对象仍是上层社会与少数资产阶级权贵。

一、机械之美

20世纪初，一批艺术家和设计师敏感地了解到新时代的必然性，他们不再回避机械形式，也不回避新的材料，而采用大量新的装饰动机使机械形式及现代特征变得更加自然和华贵。装饰艺术运动反对古典主义的、自然的、单纯手工艺的趋向，而主张机械化的美，从这一点来说，它具有更加积极的时代意义。

装饰艺术运动包括的范围相当广泛，从20年代的色彩鲜艳的所谓"爵士"图案到30年代的流线型设计式样，从简单的英国化妆品包装到美国纽约洛克菲勒中心大厦的建筑，都可以说是属于这种运动的。装饰艺术运动是一场国际性设计运动，尤以法、英、美较具代表性。法国较集中于豪华、著名的消费用品设计，美国则可说是建筑引导的整体设计运动，并且还形成了地方风格——好莱坞风格。好莱坞电影院被称为"梦的宫殿"，其立面采用富于幻想的色彩，有非常大胆的成分在内。克莱斯勒大厦，它的金属尖顶高耸入云，规则拱形片状的叠加构成了上升感肌理。帝国大厦和洛克菲勒大厦，无论是建筑风格还是室内设计、壁画、雕塑、家具、屏风、墙面，还是外部广场设计，都有既统一又丰富的特点。

二、综合风格

"装饰艺术运动"的形式风格，受到以下几个非常特别的因素影响而形成：①埃及等古代装饰风格的影响；②原始艺术的影响；③几何形的影响；④舞台艺术的影响；⑤汽车的影响，等等。

装饰艺术运动是装饰运动在20世纪初的最后一次尝试，它采用手工艺和工业化的双重特点，采取设计上的折衷主义立场，设法把豪华的、奢侈的手工艺制作和代表未来的工业化特征合二为一，产生一种可以发展的新风格来。装饰艺术运动在装饰和设计手法上为我们提供了大量可供参考的重要资料，从材料的运用到装饰的动机，直到产品的表面处理技术，无论哪一方面，这个风格都有不少可以借鉴和学习的地方，它的东方和西方结合，人情化与机械化结合的尝试，更是20世纪80年代的后现代主义时期重要的研究课题。

第八章 设计时代

第一节 决战传统

现代艺术运动是在20世纪初期开始于欧洲的，现代艺术的核心是对以往艺术内容的改革和对传统艺术的表现方法、传统媒介的改革。现代艺术强调艺术家的个人表现，强调心理的真实写照，强调表达人类的潜在意识，在意识形态和表现形式上，对现代设计具有相当重要的借鉴。

一、视觉革命

20世纪初是彻底改变人类生活的难以置信的时期，文化艺术陷入大动荡的旋流。自印象派之后，传统的客观世界观点被粉碎了，视觉艺术经历了一系列创造性革命。

现代主义艺术最早从康德的先验唯心主义中汲取了养料，同时又受到现代哲学思潮，特别是尼采、弗洛伊德、萨特等人的哲学、心理学的强烈影响。尼采的学说，尤其是他否定权威、蔑视中产阶级的文明和虚伪道德、对无意识和本能的推崇、对世界前途的悲观主义，在现代主义的各个流派的理论和实践中都有所反映。弗洛伊德的潜意识学说是超现实主义运动的理论支柱，使艺术语言趋向荒诞和怪异。

现代主义多流派标榜自己是反传统的，他们更重视对原始社会艺术、希腊古风时期美术、欧洲中世纪美术的研究。自印象主义之后，西方美术家开始把目光转移到中国、日本和印度的绘画、工艺品的表现语言上，探索写意的表现手法。野兽主义、立体主义的美术家们直接受益于非洲雕塑，伊斯兰教美术和大洋洲的艺术遗产也是现代主义艺术家们研究的对象。

立体主义运动是现代艺术中最重要的运动，中心形式是对对象的理性解析和综合构成，具有某种程度的理性化特点。立体主义起源于法国印象派大师保罗·塞尚，它通过创造一个独立于自然的设计概念，开创一个新的艺术传统和观察方法，擅长用块面的结构关系来分析物体，表现体面的重叠、交错的美感，如《镜前少女》(图8-1)。1907年，毕加索的《亚维农少女》开创了立体主义的先河，被看作是传统艺术与现代艺术的分水岭。这幅画把人像抽象成几何形的画，打破了人像的古典标准，透视的空间幻觉让平面模糊移动，人们同时从多

图8-1 《镜前少女》

个视点看到坐着的人像。

未来主义运动是意大利在20世纪初期出现于绘画、雕塑和建筑设计的一场影响深刻的现代主义运动。未来主义表达了对战争、机械、速度和现代生活的热忱，对工业化顶礼膜拜，否定传统文明，高度无政府主义的极端立场。在艺术作品上表现了对象的移动感、震动感，趋向于表达速度和运动，工业化气息和机械特征。法国艺术家杜尚的《走下楼梯的裸体》揭示了运动物体的格式，未来主义把版面设计拉上艺术战场，"自由印刷版式"在平面设计上提供了高度自由的编排借鉴，对现代视觉传达设计具有独特贡献。

达达主义运动是小资产阶级知识分子在第一次世界大战期间，对社会前途迷茫困惑时，首先在瑞士的苏黎世发展起来的一个高度无政府主义的艺术运动，其强调自我、非理性、荒谬和怪诞，杂乱无章和混乱，是特殊时代的写照。它摒弃所有公认的道德的、社会的和审美的价值，以获得自由。达达主义反对战争，反对权威和反对传统，同时也反对艺术，反对一切，最终走到自我否定的境地。在平面上采用拼贴手法设计版面，以照片的摄影拼贴方法创作插图，在版面编排上的无规律化、自由化，是达达对现代美术的贡献。同时，对于传统的大胆突破，对于偶然性、机会性在艺术和设计中的强调，对于传统设计原则的革命性突破，都对后来的艺术和设计发展具有很大的影响作用。

超现实主义是指凌驾于"现实主义"之上的一种反美学的流派，着重强调无意识，探索"比真实世界背后的真实更真实"。超现实主义直接从弗洛伊德的潜意识学说中汲取思想养料，从儿童、精神病患者、梦境中汲取灵感，试图突破现实观念，与本能、潜意识和梦的经验相糅合，以达到一种绝

对的和超现实的境界。西班牙画家达利《记忆的永恒》（图8-2），唤醒了怪异的梦幻体验，他使用写实技巧创造梦幻形象，称为具象的超现实主义。法国的米罗则采用抽象的、启发性因素，最大限度地发挥观众的想像力，称为抽象超现实主义。

表现主义先驱蒙克用强有力的形象挖掘感情的海洋，代表作《呐喊》，通过连续线条传播绝望感，人物处在一种完全孤立、恐惧、孤独的状态之中；野兽派代表画家马蒂斯善用单纯的色彩营造强烈的视觉感受，他的画虽然有点夸张，但是富有装饰趣味，给人一种美的享受；抽象主义代表人物俄国画家康定斯基用点、线、面的组合、构成，参照音乐的表现语言来传达观念和情绪；风格主义代表蒙德里安将绘画简化为四元素——线条、形状、色彩和空间，通过线与色的关系来反映普遍秩序。

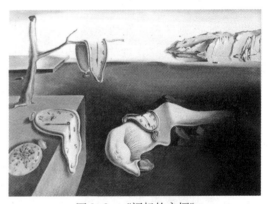

图8-2 《记忆的永恒》

二、设计革命

20世纪初，整个世界都处在一种激动的气氛之中，各种类型的知识分子都在摸索现代设计的发展方向。大量发明出来的新工业产品，包括飞机、汽车、电话、电报等，对于新的设计风格的诞生，都产生了相当积极的影响。

1.荷兰风格派

荷兰虽然国家领土狭小，但是很早就

进入工业化阶段。大工业带来的种种新问题，都促使一批先进的建筑师和艺术家研究与思考。风格派是荷兰的一些艺术家和设计师组织起来的一个松散的集体，主要发起者和组织者是杜斯博格，而维系这个集体的中心是当时出版的一本名为《风格》的杂志。风格派的宗旨是努力把设计、艺术、建筑、雕塑联合和统一为一个有机的总体，它强调艺术家、建筑师、设计师的合作，他们强调联合基础上的个人发展，强调集体和个人之间的平衡。

"风格派"的风格，由于几件流传甚广的作品而影响世界，如里特维特的《红蓝椅子》是风格派最著名的代表作之一。这张椅子采用完全简单的几何形构成，结构完全不加掩饰，色彩上采用最单纯的红黄蓝三原色，并且所有长方形的木材构件都是标准化的，这就为日后批量生产家具提供了参考和依据，是现代主义在形式探索上一个非常重要的里程碑性的作品。蒙德里安在20世纪20年代创作的非对称式的构成主义风格绘画也是这个运动的重要成就之一，他的绘画集中于结构的组合和均衡感，采取纵横黑色的直线打格子，在格子中部分区域添上原色，非对称式的结构，利用色彩组成视觉平衡感，这些形式特征对于整个运动的形式发展具有重要的影响作用。

2. 俄国构成主义

俄国构成主义设计，是俄国十月革命胜利前后在俄国一小批先进的知识分子当中产生的前卫艺术运动和设计运动。俄国构成主义的建筑师、艺术家提出构成主义为无产阶级服务，为无产阶级的国家服务，旗帜鲜明，政治目的明确，是设计史和艺术史上少有的现象。

俄国构成主义把结构当成是建筑设计的起点，以此作为建筑表现的中心，这个立场成为世界现代主义建筑的基本原则。俄国构成主义在艺术上也有极大的突破，并对于世界艺术和设计的发展起到很大的促进作用。在电影方面，爱森斯坦创造了构成主义式的新电影剪辑手段，称为"蒙太奇"，成为世界电影剪辑手法的核心成分。在建筑上，俄国构成主义的影响在格罗皮乌斯、包豪斯第三任校长迈耶等人的设计中也表现得非常鲜明。

3. 德国工业同盟

1907年，穆特修斯、彼得·贝伦斯和比利时的凡·德·威尔德等人，发起成立德国第一个设计组织——德国工业同盟。这是世界上第一个政府和民间合办的工业设计组织，促进了德国现代设计事业的发展，穆特修斯是这个协会的奠基人，整个活动的真正开创者。德国工业同盟反对任何设计上对于单纯艺术风格、单纯装饰化的盲目追求，认为设计必须讲究目的，讲究实用功能，讲究制作成本，宣传设计必须是合理的、客观的，主张标准化和批量化，大力宣传和主张功能主义和承认现代工业。

德国工业同盟的代表设计师彼得·贝伦斯的设计注重功能、崇尚简洁，产品设计朴素而实用，他是德国现代设计的奠基人，被称为"德国现代设计之父"。他最早着手实验新建筑结构，德国电器工业公司（AEG）厂房是世界上最早的现代工业厂房建筑；他是世界上最早从事功能化的工业产品设计的人；世界上最早在学院进行现代设计教育改革的人；也是世界上最早开设现代设计事务所的人物之一。贝伦斯同时还是一位伟大的教育家，其最大的贡献便是为包豪斯的功能主义设计培养了最为优秀的领导者，贝伦斯创办的私人建筑事物所培养了三位对后世影响深远的建筑师和设计师：格罗皮乌斯、密斯·凡德罗和勒·柯布西耶，而前两人后来先后成为包豪斯的校长。

第二节 现代主义

20世纪初，在欧美同时展开了一场现代主义设计运动。这是一场真正的设计革命，通过这个运动，设计才第一次成为为大众服务的，为大工业化、批量化的生产服务的活动。设计同时兼有两个新的发展内容：一是为社会总体服务，而不再是为权贵阶级服务；二是设计是经由大批量机械化生产而转化成产品的，是与大工业化密切相连的，而不再是依附于手工艺生产的活动。

一、建筑巨人

建筑技术的发展是促成现代主义风格的一个重要因素，三种新型建筑材料——钢铁、水泥和平板玻璃，逐步取代了传统的木料、石料和砖瓦，成为现代建筑的主要材料。新的建筑如雨后春笋般涌现，一批杰出的建筑师通过他们的设计实践和理论奠定了现代建筑设计的基础。德国的格罗皮乌斯、密斯·凡德罗、瑞士的勒·柯布西耶，芬兰的阿尔瓦·阿尔托，美国的弗兰克·赖特是其中最杰出的代表人物。他们提出的"新建筑"原则高度强调功能，强调理性思考，被称为"功能主义"。

在分析现代主义建筑经典大师的作品时，我们发现这些大师都有相当高超的美感素养和文化素质。被称为现代建筑四巨头的格罗皮乌斯、柯布西耶、密斯、赖特在世界上享有盛誉，他们设计的许多建筑受到普遍的赞扬，是现代建筑中有价值的瑰宝。

1. 功能至上

传统的建筑观念是先考虑外观，然后把不同功能的要求塞进外壳中，"先外后内"。格罗皮乌斯则是"先内后外"，先确定各部分功能所决定的空间，由这些空间组成合理的总体外观，功能决定外形。传统建筑中采用对称法则，而现代设计中采取灵活、不规则的平面布局，多方向、多体量、多轴线、多通道的手法造成了错落有致、纵横交错、变化丰富、生动活泼的艺术效果。新建筑采用框架结构，使墙体脱离承重的位置，从而扩大了窗户的面积，使窗户成为组成外观形态的重要部分。窗户的玻璃和几何秩序是新建筑最显著的特色。

格罗皮乌斯不仅在艺术设计教育和管理方面表现出了创造性才能，作为一个著名的设计师，在包豪斯任职的9年期间，他还进行了许多建筑实践。经典之作是为德绍包豪斯设计的新校舍。这座以包豪斯的原则设计的德绍新校舍，被誉为现代建筑里程碑。教室、实习车间、学生宿舍等被自由地组合在一起，形成一个类似风车形的平面，非对称结构，整体高低错落，每个功能组合之间以天桥相连接。这座表面白色的钢筋混凝土建筑没有任何多余的装饰，依靠简朴的体块空间组成表面起伏和凹凸，富有节奏感。面对主要街道的实习车间为大面积装有机械开窗装置的玻璃幕墙，深灰色山墙，其余部分则全部为白色粉墙加黑色钢框窗。整体设计趋于简洁单纯，使用新材料追求现代感，由于简洁，这些建筑也创造了当时建筑的最低造价。

2. 凝固的音乐

勒·柯布西耶是一位有着诗人和哲人气质的、集画家和建筑师于一身的大师。他把游历地中海地区的古典艺术胜地的感想写入他著名的《走向新建筑》。他的草图、立体主义风格的绘画，以及其作品都体现了他良好的艺术修养和高超的形式美感。

朗香教堂（图8-3）是柯布西耶最具影响的代表作。教堂立面上大小不同的窗洞构成了一幅幅近于蒙德里安的抽象绘画作品。墙面的直线与顶部曲线构成对比统一的造型，它的体量、用光乃至每一个细部的处理都可称为是一个介于建筑和雕塑之间

图8-3 朗香教堂

图8-4 流水别墅

的佳作。"不重复自己,也不重复别人"是创造力的最高境界。该建筑以一种奇特的造型隐喻人们某种神秘超常的精神和情绪,它不仅是"凝固的音乐",而且是"凝固的时间"。柯布西耶的萨伏伊别墅,体现了现代建筑的五点追求:底层架空、屋顶花园、自由的平面、自由的立面及长条形窗。马赛公寓则贯彻了城市规划思想,在公寓内部设置了商店、饭馆和娱乐场,构成了一个自给自足的社区,同时用厚重的外墙来表现表面粗糙的混凝土细部。

3. 有机建筑

现代建筑注重空间,认为建筑的真实性不在于起围合作用的实体,建筑的本质为空间,这种重"虚"略"实"的追求使建筑空间得到解放。以美国著名建筑大师赖特为代表的有机建筑是一种有生命力的流动大空间,它的目标是整体性,他曾说:"建筑设计的最终目是走向建筑的消失。"即与环境融为一体。流水别墅(图8-4)创造了一种前所未有的动人建筑景象,成了他"有机建筑"思想的典范。他走的是一条独特的道路,是注重实效的工程师,自由思想的个性主义者,在他全部的倾向中贯穿着对生活和自然的积极回报。

赖特在美国中西部设计了许多小住宅和别墅,形成了"草原式住宅"的风格。这些住宅既有美国民间建筑的传统,又突破

了封闭性,适合美国中西部草原地带的气候和地广人稀的特点。

4. 密斯风格

讲求"全面空间"、"纯净形式"及技术上的精美达到顶点,体现了密斯"少就是多"的理论,被称为"密斯风格"。密斯通过自己一生的实践,奠定了明确的现代主义建筑风格,并影响了好几代的现代建筑师和设计师,很少有人对现代建筑的影响能够有他那么大。

密斯可谓在建筑上最简单抽象的一个人。他的巴塞罗那博览会德国馆(图8-5)由一个主厅和附属用房组成,主厅有八根金属柱子,上面是一片薄薄的平屋顶,墙体为简单的大理石或玻璃薄片,由此形成一个半开敞、半封闭的空间,所有建筑构件交接的地方不作过渡处理,不加装饰,简单明确,干净利索。平面上比例得体,材质上卓

图8-5 巴塞罗那博览会德国馆

越精到，空敞的内部空间，加上优雅而单纯的现代家具，堪称现代主义设计的精品。

但密斯的大尺度向天空升腾的大方盒子给今天的城市生活带来了许多人文的、精神上的空虚。比如，大块面积阴影，大玻璃幕墙带来的噪声及反射眩光，大尺度带来的心理紧张等。还有，过于强调直线对文化记忆的否定与遗忘，使地域、历史、人自我的记忆符号被遗忘和丧失，人于是就丧失了自我存在、行走的意义，巨大尺度使人感到了压抑、无聊、空虚，使人感受不到自己身体行动的意义。

二、无处不在

第二次世界大战以后，随着各国重建热潮的高涨，现代主义设计成为整个战后发展过程中几乎无可替代的一种设计手段，无论城市规划、建筑设计；还是工业产品设计、平面设计，都深刻地贯穿了它的精神内容，都完整地体现了它的形式特征。从来没有任何一个设计运动对于人类的物质生活带来过如此深刻的、几乎是无处不在的影响。

现代主义是20世纪的核心，不但深刻地影响到整个世纪的人类物质文明和生活方式，同时，对20世纪的各种艺术、设计活动都有决定性的影响作用。现代主义的设计是民主主义的，它的代表人物认为自己可以通过设计帮助人民，改善社会生活水平，提高社会总体水准。现代主义设计采用新的工业材料，讲究造价低廉的经济目的，强调功能的基本要素，它高度非人格化、高度理性化的特点，对于国际交往日益频繁的商业社会来说更加具有容易吻合的特点。以不变应万变的中立、中性特点，是世界经济发展中的最好设计方式。无论建筑、家具、用品还是平面设计、字体设计，虽然单调但却非常有效。

现代主义设计是充满了反叛、挑战、革命，充满了民主和造反的色彩的，代表了工业革命对传统的、温情脉脉的手工艺的宣战。现代主义代表了新的时代精神，无论它的意识形态还是形式特征，都与传统格格不入，具有强烈的时代特征和强大的生命力。

现代主义带着理性深入艺术设计的本质，带给了现代主义深度的思考和整体的强化。现代主义突破层层包裹，不断深化表现内在的本质。理性不光成为现代主义的精神内核，而且形成一种力量来对抗外部世界的纷乱和焦躁。现代主义追求纯粹的表现达到了登峰造极，使得艺术设计的局部要素一步步本体化，直到剩下了点、线、面。从毕加索的三维立体表现到马利维奇的单纯白色块，蒙德里安试图用不合现实的"图示"净化自身，建筑大师密斯·凡德罗主张的极限主义中可以深刻感受到形式已成为一种执著的追求。

但是，由于这场运动是由一小批精英知识分子发动的，他们的设计探索具有非常强烈的知识分子理想主义成分和乌托邦主义的成分。在现代设计运动中所提出的种种口号，诸如"简单就是美"、"形式追随功能"、"材料素色表达真实"的同时，设计者却忽视了消费者的接受程度。因为现代主义走火入魔后，设计者自己竖起了对使用者的一面鄙视的大墙，设计者认为要教育消费者，设计者陶醉在一个自制的神话中。现代主义的作品追求理性与纯粹性，以致作品在造型上"都不说话"了，或尽说一些消费者听不懂的话。现代主义的高高在上也奠定了它强烈的精英意识，他们的为艺术而艺术，认为大众粗俗无文、鄙视民主，形成"精英文化"和"大众文化"对立的两极式概念。虽然他们自身的文化秩序日趋完善，主张日益合理化，但始终有着自身隐藏下的局限性。

第三节 包豪斯

德国包豪斯学院，成立于1919年，关闭于1933年。包豪斯是世界上第一所完全为发展设计教育而建立的学院，它奠定了现代设计教育体系的基础，集中了20世纪初欧洲各国对艺术设计的新探索与实验成果，并加以发展和完善，成为欧洲现代主义设计的中心。

一、新的统一

包豪斯的创始人格罗皮乌斯出生于柏林的一个建筑师家庭，他是20世纪最重要的设计师、设计理论家和设计教育的奠基人，他对20世纪现代设计的影响是难以估计的。他以极其认真的态度致力于美术和工业化社会之间的调和，力图探索艺术与技术的新统一。格罗皮乌斯关注的并不只局限于建筑，他的视野面向所有美术的各个领域，在包豪斯的教学中谋求所有造型艺术间的交流，他把建筑、设计、手工艺、绘画、雕刻等一切都纳入了包豪斯的教育之中，包豪斯是一所综合性的设计学院，其设计课程包括新产品设计、平面设计、展览设计、舞台设计、家具设计、室内设计和建筑设计等，甚至连话剧、音乐等专业都在包豪斯中设置。

包豪斯原则是艺术与技术相统一，设计的目的是人，而不是产品，设计必须遵循自然和客观的原则来进行。包豪斯的崇高理想和远大目标可以从包豪斯宣言中得到体现。

"建筑家、雕刻家和画家们，我们都应该转向应用艺术……让我们建立一个新的设计家组织。在这个组织里面，绝对没有那种足以使工艺技师与艺术家之间树立起自大障壁的职业阶级观念。同时，让我们创造出一幢将建筑、雕刻和绘画结合成三位一体的新的未来殿堂，并用千百万艺术工作者的双手将之矗立在云霄高处，变成为一种新信念的鲜明标志。"

包豪斯存在的14年历史是一个动态的发展进程，它的校址在三个城市不断迁移，即魏玛包豪斯、德绍包豪斯、柏林包豪斯。它有三任校长，即格罗皮乌斯、迈耶和密斯。在14年的办学历程中，共有1250名学生和35名全日制教师在其中学习和工作。包豪斯的三任校长也形成了三个非常不同的发展阶段，即格罗皮乌斯的理想主义与浪漫的乌托邦精神，迈耶的共产主义的政治目标，密斯的实用主义方向与严谨的工作方法。三个阶段都带有强烈而鲜明的时代烙印，造成了包豪斯精神内容的丰富和文化特征的复杂。

二、教育改革

格罗皮乌斯针对工业革命以来所出现的大工业生产"技术与艺术相对峙"的状况，提出了"艺术与技术相统一"的口号，这一理论逐渐成为包豪斯教育思想的核心。包豪斯教育注重对学生综合创造能力与设计素质的培养。

包豪斯以前的设计学校，偏重于艺术技能的传授，如英国皇家艺术学院前身的设计学校，设有形态、色彩和装饰三类课程，培养出的大多数是艺术家而极少数是艺术型的设计师。包豪斯为了适应现代社会对设计师的要求，建立了"艺术与技术新联合"的现代设计教育体系，开创类似三大构成的基础课、工艺技术课、专业设计课、理论课及与建筑有关的工程课等现代设计教育课程，培养出大批既有美术技能，又有科技应用知识技能的现代设计师。

包豪斯的整个教学改革是对主宰学院的古典传统进行冲击，提出"工厂学徒制"。整个教学历时三年半，最初半年是预科，然后根据学生的特长，分别进入后三年的"学徒制"教育。合格者发给"技工毕业证书"。然后再经过实际工作的锻炼，成绩优异者进入"研究部"，研究部毕业方可获得包豪斯文凭。学校里不以"老师""学生"互相称呼，而是互称"师傅"、"技工"和"学徒"。所做的东西既合乎功能又能表现作者的思想——这是包豪斯对学生作品的要求。

包豪斯的主要课程一直处于变化发展中。每一门课程最初由一位造型教师与一位技术教师共同教授，传授美术与设计，又传授技艺与方法。 为贯彻包豪斯的教学体系，学院内设置了供各门课程实习用的相关工厂，既是课堂，也是车间。

三、师资力量

在格罗皮乌斯办学宗旨的感召下，包豪斯拥有了一批当时在欧洲最富现代设计教育理念的教师及与他们志同道合而组成的实验队伍。

格罗皮乌斯的核心思想是强调工艺、技术和艺术的和谐统一，他聘用的教员分为"形式导师"和"工作室师傅"。包豪斯的教师中，康定斯基、教授纺织品设计的保罗·克利以及费宁格是公认的20世纪绘画大师。构成派成员莫霍利·纳吉使包豪斯的教学由手工艺转向工业设计。此外画家伊顿，建筑家密斯·凡德罗、迈耶，家具设计师马赛尔·布劳耶，灯具设计师威廉·瓦根菲尔德都是包豪斯的骨干。

伊顿是包豪斯基础课程的第一任主持人，被公认为第一位系统的创造现代基础课程的人，他以东方传统的精神文化与西方的科学进步相结合，十分注重启发学生的个性并予以不同的指导。匈牙利人纳吉的教学目的是要学生掌握设计表现技法、材料、平面与立体形式关系的内容，把学生从个人的艺术表现立场转变到较理性、科学地对新技术的把握上。阿尔伯斯同样具有理性思维的教学倾向，但更具实践性。表

现主义画家克利与抽象绘画的开拓者康定斯基的加入也为包豪斯注入了新鲜的血液。在包豪斯的教员当中，康定斯基是从开始就对这个学院的宗旨和目的了解最透彻的一个，作为世界上的第一个真正的完全抽象的画家，他来到包豪斯，对于学校的形象也有非常积极的促进作用。他的教学是从完全抽象的色彩形体理论开始，然后逐步把这些抽象的内容与具体的设计联系起来。

四、影响深远

1933年包豪斯被迫解散后，包豪斯的设计家们纷纷流亡法国、瑞士、英国，而大部分去了美国。欧洲建筑和工业设计的中心转到了美国。如格罗皮乌斯在英国居留三年后赴美国任哈佛大学建筑系主任。此后，布劳耶投奔格罗皮乌斯并在美国执行建筑业务，密斯·凡德罗1937年赴美国任教于伊利诺伊工业技术学院，克利前往瑞士，康丁斯基前往巴黎。莫霍利·纳吉在芝加哥筹建了"新包豪斯"，继续弘扬德国时期的包豪斯精神，后来更名为"芝加哥设计学院"，以后又与伊利诺伊工学院合并，成为美国最著名的设计学院。从此，欧洲设计运动便在美国蓬勃开展，形成高潮。

包豪斯的建校历史虽仅14年，毕业学生也不多，但它却奠定了机械设计文化和现代工业设计教育的坚实基础。包豪斯的办学宗旨是培养一批未来社会的建设者。他们既能认清20世纪工业时代的潮流和需要，又能充分运用他们的科学技术知识去创造一个具有人类高度精神文明与物质文明的新环境。正如格罗皮乌斯所说："设计师的第一责任是他的业主。"又如纳吉所说"设计的目的是人，而不是产品"一样，事实上，包豪斯在调和"人"与"人为环境"的工作方面所取得的丰硕成果已远远超过了19世纪的科学成就。包豪斯的产生是现代工业与艺术走向结合的必然结果，它是

现代建筑史、工业设计史和艺术史上最重要的里程碑。

包豪斯的影响一直延续至今，当然有积极的指导意义，但过分固守这一过时已久的理念，对当代中国设计教育的发展实际上已经是一种障碍，无法逾越则无法创新发展。

第四节 商业竞争

正当欧洲各国进行现代主义设计的探索与实验时，美国设计界则基于商业竞争的需要，开始了以为企业服务为中心的艺术设计运动。包豪斯1933年被法西斯关闭后，大部分教员和学生移民来到美国，他们发现设计和设计教育实验的最佳土壤原来不是欧洲而是在美国。欧洲的观念和美国的市场结合，终于在第二次世界大战后形成了轰轰烈烈的国际主义设计运动。

一、国际主义

国际主义设计是现代主义设计在战后的发展，具有形式简单、反装饰性、强调功能、高度理性化、系统化的特点，受到密斯·凡德罗"少就是多"主张的深刻影响，为达到极少主义的形式，甚至可以漠视功能要求。

现代主义建筑在某种形式上过分强调了形式服从功能的设计原则，导致了形而上学的倾向，因而限制了建筑师创造力的发挥，导致了国际式建筑的泛滥，被人们称为"方盒子"建筑的堆积。国际主义建筑设计手法简练，以矩形为主，平顶、多窗、少装饰，房间布局自由。如纽约世界贸易中心为双塔简洁挺拔的单体，前后丰富的群体成为纽约曼哈顿繁华地段建筑轮廓线的主宰。

国际主义带来了设计的刻板面貌，国际主义风格的产品可以批量生产，并且价格低廉，适合广大民众的需求，但它在设计过程中牺牲了民族性、地方性、个性，一心追求共性。现在是工业化向信息化转型的一个过渡阶段，从长远利益来看，产品必须有个性才能在激烈的市场竞争之中牢固地占有一席之地。在设计中，从国家、地区的实际情况出发，把民族审美情绪同现代设计的某些因素结合起来，形成独特的设计体系，是设计的一个发展趋向。

二、罗维时代

美国对于世界设计发展的重要贡献之一，就是将艺术设计职业化，它是世界上第一个把设计变成一种独立职业的国家。罗维是美国最重要与最具代表性的设计师，被认为是美国工业设计的重要奠基人。

罗维出生于法国巴黎，后移居美国。他是美国工业设计的重要奠基人之一，一生从事工业产品设计、包装设计及平面设计（特别是企业形象设计），参与的项目达数千个，从可口可乐的瓶子到美国宇航局的"空中实验室"计划，从香烟盒到"协和式"飞机的内舱，所涉及的内容极为广泛，代表了第一代美国工业设计师那种无所不为的特点，并取得了惊人的商业效益。罗维在20世纪30年代开始设计火车头、汽车、轮船等交通工具，引入了流线型风格，它渗入到产品各个领域，成为十分典型的美国式的现代设计表现形式。他把设计高度专业化和商业化，他的设计公司雇用数百名设计师，成为20世纪世界上最大的设计公司之一。他不仅对工业技术感兴趣，对于人的视觉敏感性也有很深的认识和追求，他的设计既具有工业化特征，又具有人情味。他的一生，是美国的工业设计开始、发展，到达顶峰和逐渐衰退的整个过程的缩影和写照。

罗维一生有无数殊荣，他是第一位被《时代》周刊作为封面人物的设计师。罗维对于美国工业设计的发展起到了非常重要的促进作用，他漫长的工作生涯，他的敬业精神，他对于设计界的形象，特别是他自己公司的形象和他个人形象锲而不舍的推动，都产生了非常重要的影响。

三、美国样式

美国20世纪30年代的经济大危机不但促进了美国设计职业化的发展，同时也促成了一种新的设计风格的流行——"流线型"风格。这种风格与当时的时代气氛、技术发展水平是十分适应的。流线型风格主要出现在工业产品设计上，特别是汽车、火车等交通工具设计上，以后成为一种风格，影响到其他产品，甚至建筑和室内设计，是30年代很典型的美国式的现代主义风格。流线式外形对于减少运动中的阻力，增加效益具有绝对的积极作用，因此，越来越多的交通工具采用流线型外形设计，造成世界性的流线型运动。

流线型到了20世纪30～40年代已经蔚然成风，遍及美国工业产品设计的各个方面，从飞机到汽车，从电冰箱到订书机，可以说流线型风格无所不在，比比皆是，以至一个棺材商要求设计师为他设计流线型棺材，可以说是非常具有讽刺意味的。

不少国家都注意到：美国不少企业之所以能够从30年代的危机中发展起来，设计起到了非常关键的作用，因此，大部分国家都开始从发展经济、复兴国民经济的角度来看待设计，这是世界各国对设计的一个崭新的认识开端。其中以德国、日本、英国、芬兰这几个国家明确提出设计与工业发展应该是相提并论的，设计具有促进国民经济发展的关键作用。

四、各国设计

随着科学技术的高速发展，反过来刺激了工业生产技术，改变了人类生活的结构和内容，也改变了人类传统的意识。几个具有世界影响作用的设计大国的设计意念与设计动机改变了整个现代社会的生活方式。

1. 意大利设计

意大利设计师大都多才多艺，同一个设计师既可以设计豪华典雅世界一流的法拉利跑车，也可以设计普通的意大利通心粉式样。意大利的设计师在每一件设计品中既注重紧随潮流，重视民族特征地方特色，也强调发挥个人才能。与其他国家一样，意大利也经历过现代设计的各种运动，如功能主义、波普设计等，但每一种风格他们都可以产生出许多的变体来，而后便成为了意大利式样，因而使他们的设计显得多姿多彩。意大利的设计既不同于商业味极浓的美国设计，也不同于传统味极重的斯堪的纳维亚设计。他们的设计是传统工艺、现代思维、个人才能、自然材料、现代工艺、新材料等等的综合体。与其他国家的设计师相比，意大利的设计师更倾向于把现代设计作为一种艺术和文化来操作，不单纯把它看为赚钱的工具，于是小批量和高品位成了意大利设计的优势，这体现在那些别具一格的家具、汽车、鞋等设计上。

意大利设计师不断推陈出新，20世纪60年代即开始引导世界设计新潮流，从60年代的激进设计、反设计到80年代的后现代设计运动，意大利设计师一直走在世界设计的前沿，他们在设计领域展现的创造力，使别国的设计师眼花缭乱。意大利的设计仍然在发展，他们不断推出的展览也在为设计领域不断提出新的建议、新的观念和新的思考。

2. 日本设计

北欧人认为设计是他们生活的组成部分，美国人以之为赚钱的工具，日本人则认为设计是民族生存的手段。由于日本是一个岛国，自然资源相对贫乏，出口电器便成了它的重要经济来源。因此，设计的优劣直接关系到国家的经济，以致日本设计受到政府的关注。他们能对国外有益的知识进行广泛的学习，并融汇贯通，最终成为己用。他们一方面派设计师出国学习，一方面请国外的著名设计师来日本讲学，通过举办发达国家的设计展览来唤起国人的设计意识，开办设计专业和设计学校来促进日本设计的快速发展。

日本工业在短短的时间里迅速崛起，仅仅过了十几年，日本的产品就开始进入国际市场，欧洲的工业大国和美国都很快感到了来自东方岛国的威胁。日本在发展现代设计中扬长避短。日本的产品因其外观设计好、内在质量高、价格又相对便宜而在国际市场占有极大的份额，也使日本这一资源缺乏的小小岛国成为了国际经济大国。"穷国出口资源，富国出口设计"，日本就是一个靠出口技术、出口设计而富起来的国家。

现代设计越来越认同本土化，本土化是对本土文化的认同，而不是对符号或图形的认同。探索本土文化的内涵，找出传统文化与自己个性的碰撞点，形成自己的设计风格，这才是设计本土化的精髓所在。日本设计的成功，不能不说是他们对于东方理念贯穿于设计作品中的成功。

3. 美国设计

1933年，包豪斯关闭之后，包括格罗皮乌斯、汉斯·迈耶、密斯·凡德罗在内的500多人移居美国，产生了积极的影响。他们的到来使以往没有理论基础的美国设计有了主心骨——设计的理论、思想意识、教学体系。这些都为美国设计的飞跃埋下了伏笔。在中产阶级占主导地位的美国社会环境中，包豪斯主张的为大众设计的观念被湮没了。但美国提供的广袤土地和强大的经济支持再次燃起了建筑师们的热情，一座座建筑拔地而起，国际主义风格诞生了，它是美国的商潮同德国的理念结合的产物。这种风格逐渐波及世界各地，产生了广泛的影响。

美国的设计体系与欧洲设计体系是泾渭分明的。欧洲的设计先由理念切入，然后有明确的设计目标。美国则是做完设计之后才加以总结，与欧洲弥漫着社会民主气息的设计完全不同。美国的设计起源于商业，加之没有社会意识形态为依据，曾经一度跟着市场走。美国虽然缺乏社会思辨，却是非常注重实用并且十分强大的经济动物，它以雄厚的经济实力兼收并蓄，容纳各种积极因素，令自己的设计很快就取得了领先的地位。

4. 斯堪的纳维亚设计

由于地域的特殊性，斯堪的纳维亚设计将自身的简洁和实用的设计思想与工业的效率和功能主义融为一体，使传统与理性并行不悖。它是一种比包豪斯更为柔和并具有人文情调的设计方法，即所谓的"柔性的功能主义"。它的风格在于它没有20世纪30年代那样严格和教条，形体和边角都发生了柔化和弯曲，并与天然材料相结合，形成了一种"怀旧的有机形"。

如斯堪的纳维亚半岛的北欧小国丹麦，由于创造了一种简洁、温馨、自然而富于人情味的人居环境而为世人称道。丹麦人把设计作为一种生活方式，一种物质文化，因而在居家环境的每个方面都体现出设计的匠心，创造了一种精致的生活情调。丹麦设计的核心在于其以人为中心的理念，设计根植于人们的日常生活之中，从而极大地提高了人民的生活素质（图8-6）。

5. 德国设计

二战后的德国依然是理性主义的设计，并发展了一种以强调技术、表现为功能主义特征的工业设计风格。为了追寻包豪斯早期的理想主义，德国建立了乌尔姆设计学院，重申"艺术与科学结合"的主张。这所学院最大的贡献是系统设计和设计院校

图8-6 丹麦的产品设计

同企业挂钩。可以说，从德国开始现代设计以来，第一次有可能把理想的功能主义完全在工业生产上体现出来。乌尔姆的教育体系对于战后的设计教育起了引导作用，创造了模式，奠定了基础。

由于德国设计师更多考虑的是设计和人的物理关系，所以德国的设计是冷静的、高度理性的，甚至是不近人情的，以致有时缺乏对设计和人的心理关系的考虑。

第五节 后现代主义

后现代主义设计运动是从建筑设计中开始的，20世纪70年代建筑上出现了一些对现代主义的重大挑战。如日本裔美籍设计师山崎实设计的一个低收入公共屋村，完全复兴包豪斯式的现代主义建筑群，单调、冷漠、无人情、功能主义，结果，长期以来没有人愿意迁入，因此在1972年被圣路易斯市政府炸毁，推倒重建。这个建筑的命运，可以说是现代主义结束的重要标志之一。人们开始对现代主义单调、无人情味的风格感到厌倦，开始有人追求更加富于人情的、装饰的、变化的、个人的、传统的、表现的形式，这就是后现代主义产生的背景和原因。

一、波普运动

严格地说，真正的后现代主义始于波普艺术。"波普"一词来自英语的"大众化"，但当它与20世纪60年代的文化、艺术、思想、设计建立起密切的联系以后，它就不仅是指大众享有的设计，而更加具有反叛正统的意义，并成为这个时代主要设计特征之一。"波普设计"运动是一个反现代主义设计运动，其目的是反对自1920年以来德国包豪斯为中心发展起来的现代主义设计传统。最集中反映"波普"风格的艺术设计是英国，并在这个运动中具有非常鲜明的特点。除英国外，波普设计也延伸到其他许多国家和地区。但"波普运动"追求新颖、追求古怪、追求新奇的宗旨，却缺乏社会文化的坚实依据，所以虽然来势汹汹，却消失得非常迅速。

波普设计所传达的信息是非常明确的：在大众文化和新物质文明中，设计家应该更多考虑市场细分要求，尽量满足消费者的心理需求，而不仅仅是创造有用的、功能良好的经典功能主义作品。主张用"行动"来恢复创造的生命力。行动的结果不是传统观念中的画作，而是偶发事件。偶发事件的过程被视作真正的现实，并通过行动记录下来。倡导艺术回到群众中。它把象征消费文明和机械文明的废物、影像加以堆砌和集合，作为艺术品来创造，以表示现代城市文明的种种性格、特征和内涵。波普艺术在创作中广泛运用与大众文化密切相关的当代现成品，这些物品是机械的，大量生产的，广为流行的，低成本的，是借助于大众传播工具作为素材和题材的，为了吸引人，必须新奇、活泼、性感，以刺激大众的注意力，引起他们的消费感。

后现代艺术与波普艺术一脉相承。后现代艺术创作的风格如同杂食性，把个人生活经验与创作过程连接在一起，把不同艺术样式、材料、技巧贯通一体，触及到知觉世界的一切层面，展现新的空间。后现代艺术对于"过程"的偏好，在行动艺术、偶发艺术、身体艺术、激浪派，包括波普、观念艺术等等中都有深刻内涵的表现。他们认为过程是体验，体验是神秘的，过程更能发掘人的真实存在。后现代重新利用了具象事物，直接地运用挪用、复制、拼贴，着重去描述一种不确定和神秘的感受，在后现代主义的眼里，人的理性不能真正指导支配一切，非理性和不确定也许倒是真的能找到把握世界的真相。

二、轩然大波

后现代主义这个概念首先出现于建筑设计领域，理由无它，建筑设计的历史太长了，所以在20世纪70~80年代后现代主义设计风潮中，首先在建筑界掀起了轩然大波。

美国建筑设计师文丘里是奠定建筑设计上的后现代主义基础的第一人。他提出"少就是乏味"的原则，向"少就是多"的现代主义提出了挑战。他认为设计家不应忽视漠视当代社会中各种各样的文化特征，而应该充分吸收当前的各种文化现象和特点到自己的设计中去。他提出现代主义已经完成了它在特定时期的历史使命，国际主义丑陋、平庸、千篇一律的风格已经限制了设计师才能的发挥并导致了欣赏趣味的单调乏味。他相信，现代主义已经过时了，现代主义大师们所创造的辉煌变革已成为新的桎梏。

后现代主义设计注重地方传统，强调借鉴历史，同时对装饰感兴趣，认为只有从历史中去寻求灵感，将传统符号与现代手法结合，才能使设计为时代所接受。后现代主义以双重译码为其设计标准，既要反映传统文化特色，又要具有时代性，既要使设计师表现个性，又要为群众所喜闻乐见。

美国建筑师格雷夫斯的设计讲究装饰和色彩的丰富以及历史风格的折衷表现，他最重要、影响最大的设计是波特兰公共服务中心（图8-7），这个方形大楼表面具有简单而色彩丰富的不同材料装饰，大胆采用各种古典装饰主题，成为一幢囊括人类过去的尊严与现在的活力的真正意义上的公共建筑。查尔斯·穆尔设计的新奥尔良意大利广场是后现代主义建筑设计思想的典型体现，表现出设计师对地中海历史风格的偏爱，在设计中既考虑到了当地居民的审美趣味和生活方式，又考虑了与周围环境的协调，把古典风格和神奇想像集于一体的设计，成为后现代主义设计的经典作品。

20世纪享有盛名的建筑大师菲利普·约翰逊和伯奇设计的美国电报电话公司纽约总部大厦是后现代主义建筑中规模最大、最负盛名的代表作。这一摩天大楼整体造型类似一高脚柜，楼体由高高的楼脚支撑起来，并采用了古典的建筑语言，把古典风格搬进了现代高层建筑，是使用前人作品的不朽性和象征意义的巧妙之作。日本筑波市政中心的创作则体现了一种"虚的意象"，建筑师矶崎新将米开朗基罗、帕拉第奥、鲁道夫等人的古典片断同现代的霍莱因等人的结构形式一古脑地引用到设计之中，并且进行了诸多令人意想不到的反向

图8-7 波特兰公共服务中心

和变异处理（图8-8）。

三、突破戒律

建筑领域的后现代主义设计，带动了其他设计领域的后现代设计运动。在经历了一些激进的设计团体的探索和实践后，20世纪70年代后期开始酝酿着后现代设计高峰的到来。

后现代主义在设计界最有影响的组织是意大利"孟菲斯"设计集团，它成立于1980年12月，由著名设计师索特萨斯和7名年轻设计师组成。索特萨斯认为设计就是设计一种生活方式，因而设计没有确定性，只有可能性；没有永恒，只有瞬间。艺术设计中的历史文脉、诗性叙述因素和文化底蕴有时比实际功能更加重要。"孟菲斯"开创了一种无视一切模式和突破一切清规戒律的开放性设计思想，它的设计准则是所谓的浅薄、新奇、时髦、炫耀等，是

图8-8　日本筑波市政中心

从感性的人文角度出发而不是从科学的理性开始设计。无论从材料、形态，色彩上都故意打破常规，以乐观、喧闹的态度直面人生，同时它又不仅像看上去那样天真滑稽，许多孟菲斯作品中暗含着动物、人形的隐喻。设计师的设计不是肤浅随意的，孟菲斯作品常常被试图赋予某种生命的灵性。他们用他们的设计作品来展示他们与现代主义设计迥异的设计方式。

索特萨斯的代表作是看起来有些奇形怪状的书架，使用了塑料贴面，颜色鲜艳，极像一个抽象的雕塑作品，其拼贴组合的造型几乎没有提供可以放置的空间，毫无疑义，它不具备书架的功能（图8-9）。汉斯·霍雷因设计的桌子，桌面的木头锯成五个高低不同的平面，其削弱的功能性使其很难与传统的桌子概念相吻合。彼特·肖尔的家具设计更富有创造性，他设计的桌子桌面是一块尖锐的三角形木板，下面由几何形的木块支撑，色彩则采用极为艳丽的黄和绿色。彼特·肖尔的设计天才还表现在一系列的茶壶设计上，他那些或圆柱体，或三角立方体，或不规则立方体的设计品涂上鲜艳的颜色后类似儿童的积木玩具，已离茶壶的功能相去甚远。

孟菲斯设计运动是20世纪80年代世界设计界最引人注目的事件，他们的设计不

图8-9　索特萨斯设计的书架

仅为理论家提供了反思现代主义设计的话题，也激发了设计师创造的灵感。

四、一分为二

后现代主义不仅是对现代主义的反对，也是对现代主义的超越，后现代主义承认了被现代主义否定的传统，注意对各地区各民族优秀文化艺术传统的吸收和借鉴，在综合传统和现代的文化精华方面超越了现代主义。后现代主义风趣且充满怀疑，但不否定任何事物，也不排斥模糊性、矛盾性、复杂性和不一致性，从而使设计变得丰富多彩。这种对新生活的积极参与和干预，使设计的内涵和外延都更加丰富了。

对于后现代主义所表现出的批判的承袭，超越现代主义和对后工业社会的冲击力及对艺术重新创新的生命力，是值得颂扬的。它销毁了现代主义的理想主义，但并没有消灭理想，它是彷徨中寻找出路的精神实验，能带给我们新的理念的乌托邦。后现代主义设计所造成的声势和对现代设计提出的挑战也不可忽视，无论后现代主义设计如何忽视产品的功能和蓄意地使用材料和色彩，后现代主义设计都极大地丰富了当代设计的语汇，而且受到了消费者的欢迎，隐藏着市场潜能。它为设计师开启了新的设计思路，设计成为与传统、历史、文化和自然及意识形态相联系的复杂文化现象。

后现代设计以其亮丽的色彩和轰动的展示效果一时成为传播媒介的热点。但后现代设计并没有改变现代主义设计实质性的东西，它只是在现代主义设计上做一些表面文章，或者是为现代主义设计做一些修正工作。相对于现代主义设计坚实的思想基础和理性化的特点来说，具有强烈感性色彩的后现代主义设计是极为脆弱的，它关注的只是设计的形式内容，探求在创造性的无序中存在的纯洁性和浪漫性，因此，在经过了一阵声色相映的辉煌后就式

微了。

后现代主义造成的负面影响还在于它的调侃态度。事实上，它是采用调侃的方式使用古典符号，调侃适度才能达到很好效果，但是过多调侃便伤害了许多受过高等教育、对古典主义有深入了解的中产阶级，而他们偏偏是最大的买主。后现代主义的设计虽然流行时间不长，但对严肃的现代设计的负面冲击却是难以估量的。

现代主义设计强调的标准化、系统性对于因日益发达的交通和通信而变得越来越小的地球来说是一种极为有用的设计方法，在全球经济一体化的今天，它可以为不同国家、操不同语言的人们提供方便。规范化的标志、标牌设计甚至可以成为一种世界语言，为人们带来便利。现代主义设计是建立在民主主义思想和工业化大生产及满足广大人民生活需要的基础之上的，它的产生和发展都顺应了时代的潮流，其坚实的思想基础是不会因为一些艳丽的色彩和异乎寻常的构思就可以动摇的。在满足生活需要的大前提下，当代设计的主流仍然是讲究功能的现代主义设计，而且，设计作为一种实用艺术，其功能性的要求将成为恒久的标准。

第六节 晚期现代主义

晚期现代主义，是与后现代主义同时发展起来但又相区别的反国际现代主义设计的思潮与流派。在设计理论上，晚期现代主义破除了现代主义的戒律，向多元化发展，在设计形式与语言上，它从现代主义中变体而出，是对现代主义的补充与丰富。晚期现代主义的主要表现形式有理性主义设计、高技派设计、解构风格设计等。

晚期现代主义指称一种创作态度，这些设计者希望回到现代主义先锋者的追求

目标，并以此来超越后现代主义。晚期现代主义，最早是由一些设计期刊的总编辑与皮西于1981年国际设计协会中所喊出来的，晚期现代主义与现代主义最大的不同在于：拒绝现代主义中的"普同性"与所谓的"国际式样"，所以晚期现代主义是一种多元主义论，主张随遇而安。但是晚期现代主义继承和发扬了更多现代主义的东西，诸如形式追随功能或机能主义就在晚期新现代主义中发展成一种"使用者需求"的美学。晚期现代主义基本上也继承了现代主义的"反历史主义"的主张，在各个国家都可找到结合的契机。

一、理性主义

以设计科学为基础的理性主义强调设计是一项集体活动，强调对设计过程的理性分析，而不追求任何表面的个人风格，它是现代主义的延续和发展。但它并不着意于艺术与技术的结合，而是试图为设计确定一种科学的、系统的理论，即所谓的设计科学来指导设计，从而减少设计中的主观意识。

设计科学实际上是几门学科的综合，它涉及心理学、生理学、人机工程学、医学、工业工程学、价值工程学等，体现了对技术因素的重视和消费者更加自觉的关怀。

如目前正在进行的国际空间站的设计，无论是在床位舱、厨房和起居室、卫生间、衣柜、储存箱的设计，还是在空间站的内部照明、宇航员的服装以及舱内的电信、媒体的设计，都运用了人机工程学的原理进行优化设计，而且都注重材料的新型性、节能性和环保性，做到了设计是实际的统一。又如一种用于办公的座椅，以人的足、膝、腰三个部位为轴心，配合人的坐姿的变换，设置了手动调节装置，以便随时调节座椅的形态，使之增加座面和靠背对人体的合理、有效的支撑点，采用具有弹性、透气性和触感均良好的织物绷面，使人感到舒适。

二、高技派

信息科技的应用与普及对设计界产生了震撼性的影响。高技派在设计中偏好采用高技术，而且在美学上鼓吹表现新技术。它不仅仅是理性科学的体现，而且在感性的美学理论上大胆地夸张高新技术。高技派对采用日新月异、一日千里的高新技术表现出极高的乐观和崇拜。有机现代主义是探索如何使现代主义的冷漠刻板更具情趣和人情味以使其更适于有血有肉的人。而高技派则认为人应该抱着对高新技术无比乐观的态度去适应高新技术及其深远的社会影响。

1976年，英国建筑师皮亚诺和罗杰斯设计的蓬皮杜国家艺术与文化中心震动世界，它不仅坦率地暴露了结构，而且把电梯、水电空调系统的管道都装在幕墙之外，并且涂上鲜明的颜色加以区分，造成一种令人嗔目结舌的视觉感受。当时的高技术风格家电的技术含量被大大夸张了，面板上控制键和显示仪表密布，看上去像尖端科研使用的专业仪器。高技风格在反传统、纯技术方面走向了"极限主义"。

高技术风格在20世纪60~70年代曾风行一时，并一直波及到80年代初。但由于它过度重视技术和时代的体现，把装饰压到了最低限度，因而显得冷漠而缺乏人情味。"高技派"一味炫耀技术的伟大，认为技术是至高无上的，它的缺点逐渐被人们认识，人们开始通过人本思想来正视科技，有的前卫设计师甚至开始批判对科技的盲目乐观态度。于是，所谓的"超高技设计"应运而生，"超高技"是与"高技派"对立的异化物，将技术当作一种符号加以嘲弄和挖苦。

三、解构主义

20世纪80年代，一种重视个体、部件

本身，反对总体统一的所谓解构主义哲学开始被认识和接受，在世纪末的设计界产生了较大影响。解构主义是对正统原则、正统秩序的批判与否定，它不仅否定了古典美学原则如和谐、统一、完美，而且也对现代主义的重要组成部分之一的构成主义提出了挑战。

解构主义作品具有散乱、残缺、突变、动势等共同特征。当然，解构主义并不是随心所欲的设计，虽貌似零乱，但也考虑结构因素和功能要求。解构主义最有影响力的建筑师盖里设计的西班牙古根哥根翰博物馆被称为"世界上最有意义、最美丽的博物馆"，它是由几个粗重的体块相互碰撞、穿插而成，并形成了扭曲而极富力度的空间。盖里的设计基本采用解构的方式，即把完整的现代主义、结构主义建筑整体破碎处理，然后重新组合，形成破碎的空间和形态。他认为基本部件本身就具表现的特征，完整性不在于建筑本身总体风格的统一，而在于部件充分的表达。他追求建筑的艺术个性和审美价值，并主张尽量缩小建筑与艺术之间的鸿沟。在他的设计中可见毕加索的立体主义、杜尚的达达主义、马格利特的超现实主义等成份。

四、新现代主义

虽然不少建筑设计师在20世纪70年代认为现代主义已经穷途末路了，但有一些设计师却依然坚持现代主义的传统，依照现代主义的基本语汇进行设计，他们根据新的需要给现代主义加入了新的简单形式的象征意义。虽人数不多，却影响很大。

新现代主义作品没有繁琐的装饰，从结构上和细节上都遵循了现代主义的功能主义、理性主义的基本原则，但却赋予它们象征主义的内容。新现代主义设计的设计师以"纽约五人"为中心，而美籍华人建筑大师贝聿铭是其中最有代表性的一个。他

设计的香港中国银行总部大楼像竹子一样，下粗上细，节节高，步步高，在中国也是一个吉祥的象征，把文化神韵寓于现代造型之中。法国巴黎卢浮宫扩建工程的水晶金字塔（图8-10）的金字塔结构本身不仅是功能的需要，而且具有历史性的、文明象征性的含义。

图8-10　巴黎卢浮宫扩建

五、设计思考

进入20世纪90年代后，各行业之间的界限产生模糊，各类学科有了互相兼容的现象，即学科的交叉化，这是现代设计的重要趋势。80年代，个人电脑的普及给设计带来了无法想像的冲击。原先用画笔描绘或用其他特殊技法完成的效果图，现在只需用一台硬件配置很好的电脑和几种优秀制图软件相配合，便可使制图所花费的时间缩短一半以上，并且图样美观准确，这对设计是革命性的冲击。

学科交叉化和电脑的冲击对当今的设计是积极因素，它们将促进设计在新的时代面前更快地向好的一面发展。当然，我国目前的设计还面临着很大的问题。

我国是一个人口众多的国家，经济发展也还很落后，满足人民生活需要正是我国社会主义建设的主要目标，所以，现代主义设计思想在我国是有群众基础的。现代

主义设计强调物品的功能性，强调标准化和大批量生产，这对于工业化程度还很低的我国来说具有不可取代的实用性。然而，现代主义设计一味追求功能，忽视人情；一味追求简洁，缺乏装饰；一味追求创新，忽视传统；一味追求统一，忽视多样性等，这都是我们在设计发展中需要避免的。

国际主义风格的建筑采用低廉的工业建筑材料，强调合理的功能布局，能够满足大多数人的住房要求，对于我们这样一个人口众多的缺房大国来说，国际主义风格的现代主义建筑还将长久的存在。后现代主义设计在很大程度上来讲是对现代主义的修正，是针对现代主义设计所存在的弱点而产生的，它在现代主义设计中看到的问题对我们有警示作用。我国的设计发展落后于发达国家，但我们可以从他们发展中吸取经验和教训，接受他们的长处，避免他们的短处。这样，我们的设计就会在一条正确的道路上发展进步。

在设计中，从国家、地区的实际情况出发，把民族审美情绪同现代设计的某些因素结合起来，形成独特的设计体系，是设计的一个发展趋向。我国是一个具有悠久传统历史的文明古国，几千年的艺术设计历史为我们留下了许多宝贵的遗产。中国传统工艺的造型、装饰都是我们在设计创造时灵感的源泉，丰富的民间工艺品也为我们的设计提供了可以借鉴的资料。我国有丰富的传统资料可以利用，民间和少数民族的传统手工艺品，如剪纸、蜡染、刺绣等装饰图案完全可以为我们的现代设计增光添彩。只要我们在设计中注意从传统中吸收营养，就能设计出具有我们民族特色的设计品来，在未来的世界设计领域中独具中华民族的风采，成为有特色的未来设计大国。

我国的工业发展已经暴露出环境恶化、资源浪费等极为严重的迹象，致力于对环境不造成污染的"绿色设计"已是21世纪的重要内容。我们如果能够从西方对工业文明的反思中得到警示，意识到工业发展的隐患，在设计中体现出保护环境的意识，我们就可以在今后避免因设计而造成的环境污染，使设计真正体现出它巨大的价值，造福人类。

参 考 文 献

1. 鲍诗度. 西方现代派美术. 北京：中国青年出版社，1996
2. 楼庆西. 中国古建筑二十讲. 北京：生活·读书·新知三联书店，2003
3. [英]贡布里希著. 艺术的故事. 范景中译，林夕校. 北京：生活·读书·新知三联书店，1999
4. 陈志华. 外国古建筑二十讲. 北京：生活·读书·新知三联书店，2002
5. 周维权. 中国古典园林史（第二版）. 北京：清华大学出版社，1999
6. 张家骥. 园冶全释. 太原：山西古籍出版社，2002
7. 罗哲文主编. 中国古代建筑. 上海：上海古籍出版社，2002
8. 房龙著. 艺术. 赵茜，赵栩译. 北京：北京出版社，2002
9. 王树村. 中国民间画诀. 北京：北京工艺美术出版社，2003
10. 田自秉. 中国工艺美术史. 北京：世界知识出版社，1985
11. 张夫也. 外国工艺美术史. 北京：中央编译出版社，2003
12. 叶渭渠. 日本文化史. 南宁：广西师范大学出版社，2003
13. 萧默. 敦煌建筑研究. 北京：机械工业出版社，2003
14. 郦芷若，朱建宁. 西方园林. 郑州：河南科学技术出版社，2001
15. 梁思成著. 图像中国建筑史. 梁从诫译. 北京：百花文艺出版社，2001
16. 李秋香. 中国村居. 北京：百花文艺出版社，2002
17. 王受之. 世界现代设计史. 北京：中国青年出版社，2002
18. 王受之. 世界平面设计史. 北京：新世纪出版社，1999
19. 张家骥. 中国造园论. 太原：山西人民出版社，2003
20. 单德启. 中国民居. 北京：五洲传播出版社，2003
21. 童教英. 中国古代绘画简史. 上海：复旦大学出版社，1999
22. 谢稚柳. 中国书画鉴定. 上海：东方出版中心，1998
23. 刘育东. 建筑的涵意. 天津：天津大学出版社，1999
24. 侯幼彬，李婉贞编. 中国古代建筑历史图说. 北京：中国建筑工业出版社，2002